?! 科学漫画（かがくまんが） サバイバルシリーズ

地中世界（ちちゅうせかい）のサバイバル 2

（生（い）き残（のこ）り作戦（さくせん））

かがくるBOOK

地中世界のサバイバル ②

文：スウィートファクトリー／絵：韓賢東

はじめに

私たちは地面の上に立って暮らしていますが、その地面の下にはどんな世界があるのか考えたことはありますか？　遠い宇宙に興味を持っている人はたくさんいますが、自分の足の下にある地中にはあまり関心がない人が多いのではないでしょうか。地中には土しかなく、暗く狭苦しいだけの所だと思っているのではないでしょうか。しかし、実際の地中は想像するよりもっと活動的な空間なのです。ホコリよりももっと小さくて顕微鏡でしか見ることのできない微生物をはじめ、触肢という触角のような足を使ってエサを探し回るダニや、１日に数10匹もミミズを食べるモグラまで、様々な生物が暮らしているのです。

地中の世界は地上の世界とは全く関係がないように思われますが、実は深く関り合っています。地上で植物が枯れると、地中の微生物が分解してエサにし、その過程で出来る養分を、また別の植物が吸収して成長するのです。また地中の草食動物は木の根や落ち葉を食べて暮らし、その動物が土を掘り返すことで地上と地中の土が混ざって、より肥沃な土壌になります。地上と地下の世界は、互いに切り離して考えることのできない１つの共同体なのです。

このように地中と地上は、お互いに養分をやり取りすることで土壌を健康にし、生態系を維持しているのです。より良い生態系を維持しようとするなら、地中の生物について知っておかなければなりません。『地中世界のサバイバル』では、地中にはどんな生物がすんでいるのか、その習性や生態はどうなのか、地中の生態

系はどんな構造になっているのかなどが描かれています。

迷路のようなアリの巣に入り込んだジオたち一行は、大きなアゴで威嚇する兵隊アリと蟻酸という強い酸性物質を発射する働きアリに前後を塞がれてしまいます。ジオのとっさの判断によって何とか危機から逃れますが、強力な毒を持つムカデに出くわしたり、魚とり名人のカワセミに捕まるなど、危険な地中探検はまだまだ続きます。何とか地上に出ようとするジオたちと、それを邪魔する地中の生物の対決！　みなさんも驚くべき地中世界を、ジオたちと一緒に探検してみましょう！

スウィートファクトリー　韓賢東

目次

登場人物

ここは僕に任せて、2人は先に逃げろ！

ジオ

地中の生物についての知識はほとんどないが、本能的に相手の習性を見抜き、それを利用することができる。アリたちに囲まれた危機的状況では、一瞬のヒラメキでアリの蟻酸攻撃を逆手にとって回避したり、ムカデに立ち向かった時もすぐに弱点を見抜いたりした。天性の生存本能と大胆さが長所！

虫恐怖症は克服できた気がするよ。

ミョンス

好き嫌いが多く、苦手なものも多い、サバイバル初心者。高所恐怖症や虫恐怖症など、数々の恐怖症の持ち主。例えば、シデムシの幼虫を見て気絶するほど重症だ。不安だらけの地中探検だが、友達のピンチには、巨大なムカデにも飛びかかるなど、少し成長した様子も見せるのだが……。この探検で、ミョンスは果たして恐怖症を克服できたのか？

私が自然農法で
育てたんデスヨ〜！

プイ

地中の生物についての知識が豊富で、有機農法にも関心が高く、様々な方法で農作物を育てている。理性的で大人しいタイプに見えるが、ペットのミミズであるピンクのためなら自分より大きなオケラにも果敢に飛びかかる勇気を持っている。ピンクには優しいが、ジオやミョンスには何かと厳しい。

隣の老人

プイの隣の家に住む老人で、農業には化学肥料と農薬が必要だと信じている。隣に来たプイが農薬を使わないので虫やモグラが増えて迷惑を被っている。いつもはプイとケンカばかりだが、しばらく姿を見せないと心配する時もある。

1章（しょう）
アリの蟻酸（ぎさん）攻撃（こうげき）を回避（かいひ）せよ！

こいつら、何であんなにアゴが大きいんだ？
兵隊アリは敵と戦うのが役目デス。武器を持ってるのは当然デスヨ。
ガチ
ガチ

ガチ
だったら、俺たちも攻撃されるんじゃないのか？
ガチ

でも何もしないでじっとしてるよ？
ガチ
ガチ
ガチ
ガチ

もしかして僕らが怖いのかな？
そうかも知れマセン。
私たちみたいな生き物は初めてでしょうカラ。

何するんデスカ？
バッ

サッ
だったら、僕に任せとけ！
おい！
こっちこっち。
かかって来いよ！
ヒュッ ヒュッ
ジ、ジオ。何やってんだ?!
何てことを！
せっかくじっと
してるのニ。
ずっとこうしては
いられないだろ？

あいつら、怖がってるから
攻撃してこないよ。
僕が引き付けておくから、
その間に早く逃げて！
アアッ！

ズイッ
ぼ、僕の言葉が分かったのか？

クル
何？
もう遅過ぎたようデス！

ズン
ウワッ！
ズン

何で急に攻撃モードになったんだ？
すぐに飛びかかってきそうデス。気を付けてクダサイ！

特にアゴに注意してクダサイ。敵を噛み千切るほどの力デス！

あ、ああっ！

ザ
ザッ
ウワァーッ！
ザッ

バギッ
ウッ……。
スゴい石頭だ。
ジン
ジン
ザッ
ジオ、
気を付けて
クダサイ！

バシッ
ヴワッ
ドスン

ドン
やめろ～！

バタッ

!!
ズザッ

大丈夫デスカ？
何だ、ちょっとはやるんだな？
冗談言ってないで、早く立て！

ガバッ
こいつは一筋縄にはいかないな。
普通の大きさなら蹴散らしてやるのに。
小さいのは今だけだ。大きくなってから謝っても遅いぞ！
口だけは達者だな。
ハア～。全く……。

ザッ
ザザッ

うん？働きアリも集まって来たぞ？
放っておけよ。アゴも大きくないし、危険じゃないだろ？
待ってクダサイ！

グイ
危ナイ！

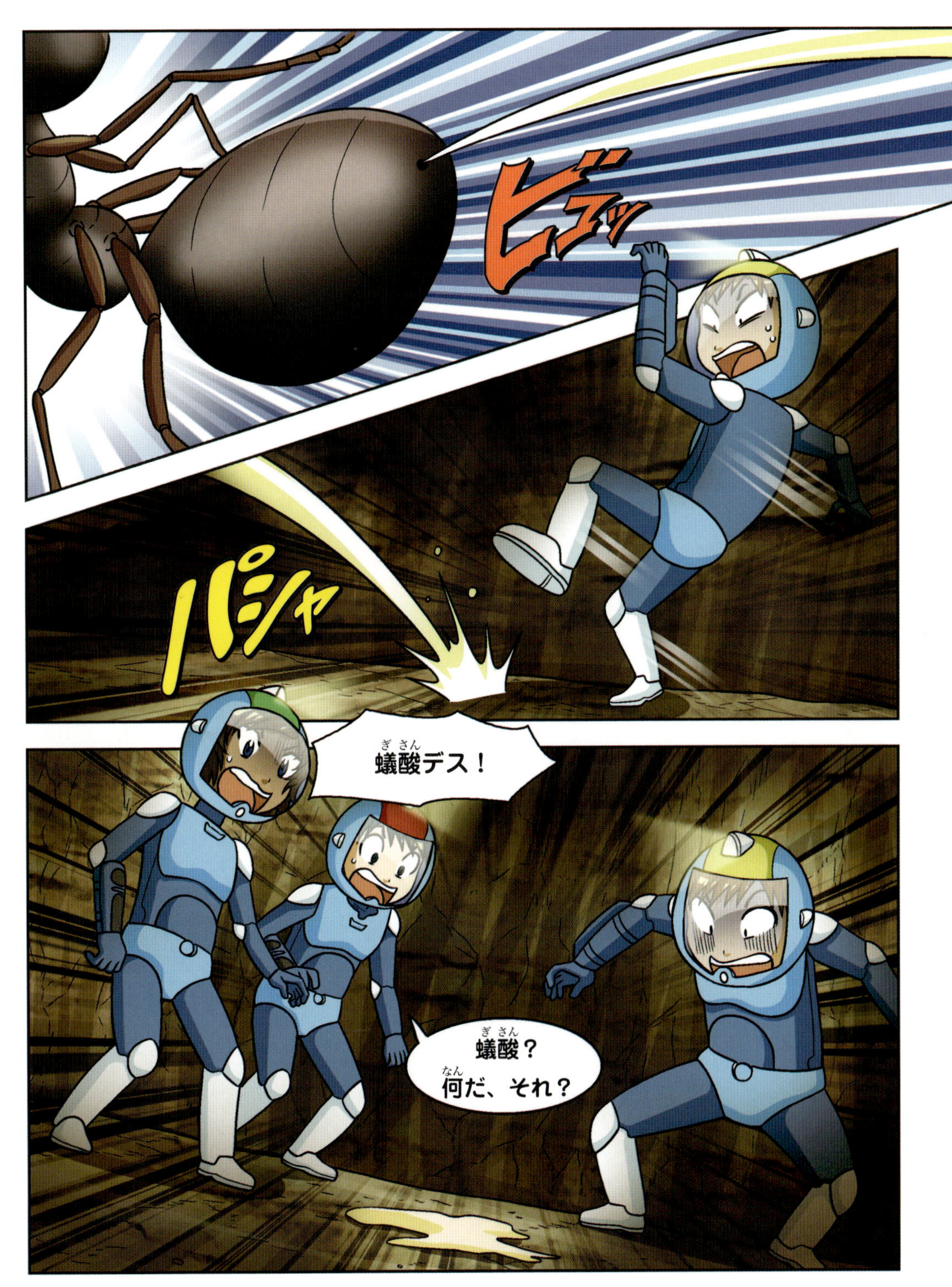
ビュッ
パシャ
蟻酸デス！
蟻酸？
何だ、それ？

アリの肛門から出る、
強い酸性の物質デス。
敵を攻撃したり、
獲物を捕らえたりする時に使うんデス。
人間も炎症を起こすほど
強力なんデス。
蟻酸をくらえ！
あ、
それだけは
やめて〜。

何でこんなに
たくさん武器を持ってるんだ？
アゴに蟻酸に……。
まさか、蟻酸で
この服が溶けたり
しないよな？

それは……。
蟻酸のテストは
まだナノデ。

いい考えがある。
アリ同士を戦わせるんだ！
え？
どうやって？

簡単だよ。
まず２人とも僕が合図
するまで動かないで
そこにいるんだ。
スッ
ええ？　アリが
そこまで来てるのニ？

ガチ
ガチ
アリがだんだん近付いて来たぞ！
いつまでじっとしてればいいんデスカ？
サッ
サッ
まだだ。もうちょっと待って！

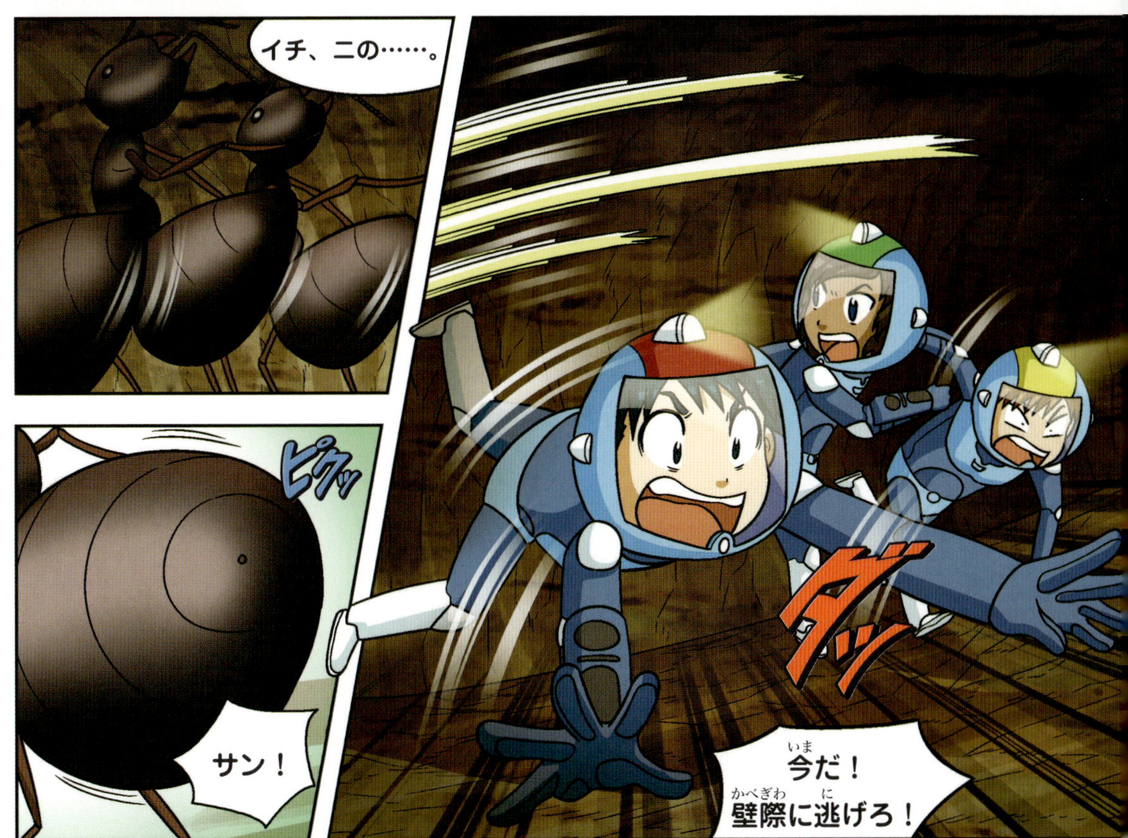
イチ、二の……。
ピクッ
サン！
ダッ
今だ！壁際に逃げろ！

ビジャッ
ヒク
ヒク

やったぞ。
早く逃げよう！
クル

ダダッ
どうだ、僕の作戦は？さすがはサバイバルキングだろ？
ダダッ
先に教えてくれたら良かったのに。寿命が縮まったよ！
本当デス。もう少しで蟻酸のシャワーを浴びるところデシタ！
ダダッ
浴びなかったんだからいいだろ。早く走れよ！
オイ、ちょっとは話を聞けよ！

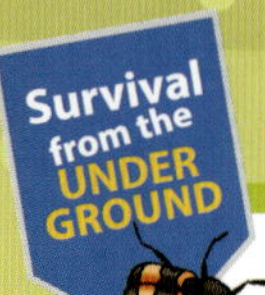

地中にすむ生物を観察しよう

土から地中の生物を採集・観察する方法

準備するもの スコップ、容器、画用紙（白、黒）、ふるい、ピンセット、筆

❶ 野山で、落ち葉の下や、乾いた地面などの地面を20cm程度掘って、土を採取して容器に入れます。

❷ 採取場所と周囲にあった植物、時間、気温などを詳しく記録しておきます。

❸ 白い画用紙の上にふるいを置いて、採取した土を少しずつ入れます。

❹ ふるいを軽くふるうと、上に残ったものの中に生物が見つかる場合があります。ピンセットで摘んで観察しましょう。

❺ ふるいの下に落ちた土を、筆でそっと払うと非常に小さな生物が見つかる場合があります。

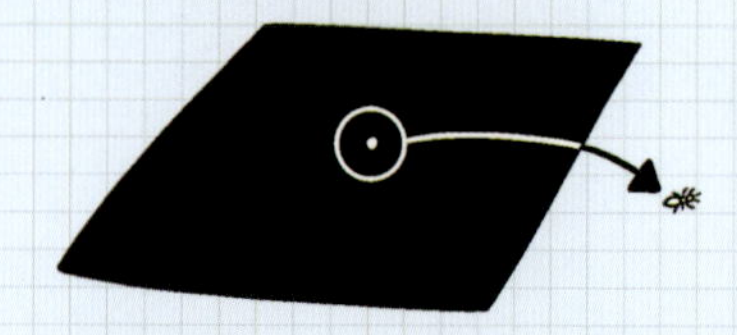

❻ 地中の生物の中には、白っぽい色をしているものもいるので、黒い画用紙の上でもう1度調べてみましょう。

罠を仕掛けて地中の生物を採集・観察する方法

準備するもの　スコップ、ガラス瓶、金網、腐った肉や果物、虫めがね、カメラ

❶ ガラス瓶の高さに合わせて地面を掘ります。

❷ ガラス瓶の入り口が地面と同じになるようにして、埋めます。

❸ 瓶の中に腐った肉などエサになる物を入れて、金網で入り口を覆います。

❹ しばらく置いておくと、臭いにつられて生物がガラス瓶の中に集まって来ます。

❺ 瓶の内側が滑るので、1度落ちた生物は外に出られなくなります。

❻ 採集した生物を虫めがねで観察し、写真を撮って記録しておきます。

2章
アリの墓場に迷い込んだ?!

追いかけて来る気配はないぞ。疲れて死にそうだよ……。

そ、そう？じゃあ、ちょっと休もうか？
そんな余裕はありマセン。
ハァ
ハァ

アリは自分の巣に侵入した敵を放っておきマセン。おそらくフェロモンを出して、他のアリたちに警告を出したはずデス！
アリは言葉の代わりにフェロモンでコミュニケーションするんデス。歩いてでもいいから逃げマショウ！
ガックリ
分かったよ……。

ソロ
ソロ

これは！
ピタ

キョロ
キョロ
道が分かれてる……。
どっちに行ったらいいんだ？

ああ。
もし間違ったら
迷うかも
知れないぞ？
ええ～？
迷路でもないのに、
何で分かれ道
なんだ？

こんな時には、
あの方法しか
ないな！
グッ

カー
ペッ
な、何
するんだ？

どっちにするか迷った時は、
こうやって占うんだ！
スイ
意外と
この方法は
当たるんだぞ。

待って
クダサイ！
ギョッ

ウワッ！
ピシャ

こっちに行くのが
いいと思いマス。
ダラ〜
き、汚い〜！

ゴシゴシ
急に言うから、
こうなったんだぞ！
近寄るな〜。

どうしてこっちだって分かるんだ？
迷路で分かれ道に来たら、右でも左でもどちらか一方向に進み続けるんデス。
そうすれば、少なくとも最初の入り口には戻って来られるんデス。

迷路にアリを入れると、分かれ道に来るたびに左に曲がり続けたという実験結果があるんデス。

本当に？そんなことまで知ってるのか？
あら、こんなことアリでも知っていマスヨ。

?!
アリでも知ってる常識だって？プライドが傷付くなあ……。
ウ〜
部屋が見えてきマシタ！

ここは
何の部屋だろう？
アリが
1匹もいないから、
空き部屋かな？
ズシ
ズシ
コソ

空き部屋なら隠れるのに
ちょうどいいけど……。
キョロ
キョロ
ブル
ブル
アリの巣に
空き部屋はありマセン。
全部役割が
あるんデス。

そう言えば俺も……。
ガタ
ガタ

何かこの部屋
怪しいぞ。
気味が悪い
な……。

ウワッ！
ガツッ
不吉な予感がするなあ。
ブルブル
あ、足に何かが当たった……。
え？どうしたんだ？
クル

ウワーッ！何だ、こりゃ?!

これは……。

スィ
アリの死骸デス。
ウエ～。頭が取れてるよ。

こ、ここにも何かが！
ゴトッ

アリの頭だ！
待ってクダサイ。こんなにアリの死骸があるということは……。
サッ

ここはアリの死骸置き場のようデス！
ええ？ 死骸置き場?!

死んだアリを
集めておくなんて、まるで
墓場じゃないか……。
アリの
幽霊じゃ～。
ウウ～。
気味悪い！

ゾーッ
待てよ。じゃあ……。
さっき俺たちが
アリにやられてたら、
今頃ここに。

ウプッ！

もう我慢できない！
どこに
行くんデスカ？
クル

ダダッ
おい！待てよ！

待てってば！
グイ
ウウ……。

俺たちもあのアリみたいになって、この部屋に捨てられるかも知れない……。
考えただけでも吐きそうだ。
ハァハァ

それにあの部屋は、病気や怪我で死んだアリを寝かせておく所なんデス。
死んだアリが襲ってくるワケでもないのに、何をそんなに怖がっているんデスカ？

私たちが捕まったら、ここじゃなくてエサ置き場に入れられるはずデス！
エ、エサ置き場？
ヒィー
もっと怖がらせてどうするんだ？

アリの巣は無駄に大きいワケじゃありマセン。私たちも居間や台所、トイレなど使い分けるのと同じデス。
雄アリの部屋
女王アリの部屋
幼虫の部屋
死骸置き場
エサ置き場
アリって本当にスゴいんだな！

とにかく１人で行って迷ったらどうするんデスカ？ 慌てないでみんなで力を合わせることを考えてクダサイ。
だって気持ち悪いじゃないか！

しっ！
静かに！
生きてるアリよりも死んだアリの方がましデス。
そんなこと言ったって。
うん？
死んだアリは危害を加えマセンヨ？
あれは！
ザザザッ

ザザザッ
……。

ピタ

ササッ

ザザッ

フウ～。

ダメだ、早くここから出よう。
安全でもないし、ここにいる必要もないんじゃないか？
そうそう！
どこに？何も考えずに出て行くんデスカ？

いいから行こうよ～。
穴を掘ってでもいいから！
ウワッ

アラ！
それはいい考えデスネ？
え？

アリが掘った道を通るから見つかるんデス。
新しい穴を掘れば見つかりマセン。
ポン

まず天井と壁を崩して入り口を塞ぎマショウ。
ポン
ポン
新しく穴を作るのに、何でそんなことするんだ？

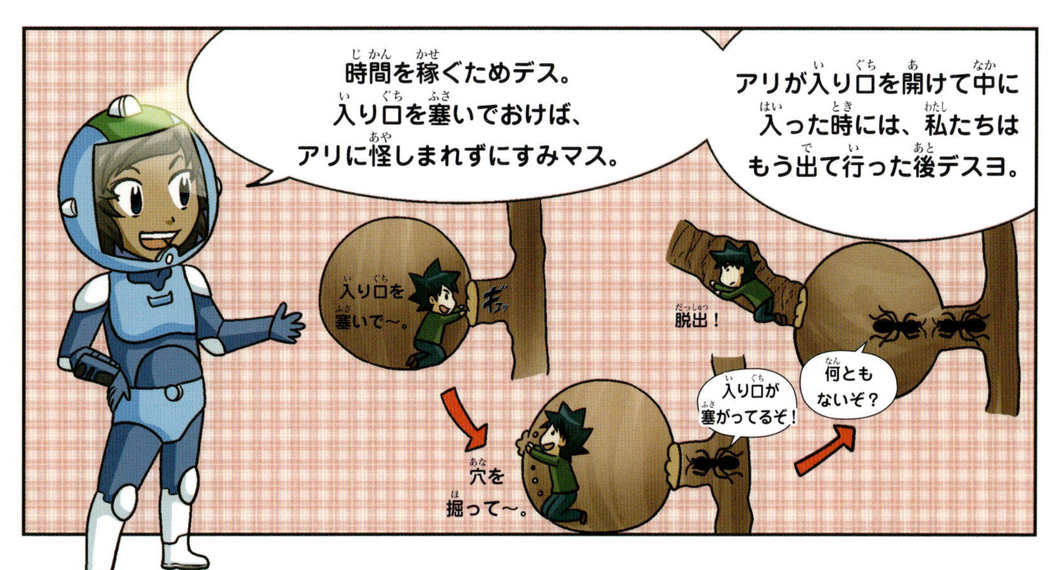
時間を稼ぐためデス。入り口を塞いでおけば、アリに怪しまれずにすみマス。
アリが入り口を開けて中に入った時には、私たちはもう出て行った後デスヨ。
入り口を塞いで〜。
ギュッ
穴を掘って〜。
入り口が塞がってるぞ！
何ともないぞ？
脱出！

いい考えだけど、掘るのにスゴく時間がかかるんじゃないか？

さっきとは違いマス！雨が降って土が湿ってるから、掘りやすいはずデス！

それなら……。

じゃあ、やってみるか！
考えたのは俺だぜ！

グズグズしてないで、始めマスヨ！
分かったよ！

グィ
グィ

ザク
ザク

ここも塞いだぞ。
OK〜。
新しい穴の入り口も塞いだから、私たちがどこに行ったか分からないはずデス！

疲れたよ～。
ドサッ
これだけ掘ったんだから、もう出られるかな？
もう、アリの巣から離れたはずデス。そろそろ地上に向けて掘りマショウカ？
うん。そうしよう！
それにしても、アリの巣ってスゴいんだな。
複雑な構造なのに、スゴく体系的になってる。

ザク
うん？

アリは小さいけど、家族で仕事を分担したり、何か問題が起きたら一緒に解決しようとしたりする社会性のある生き物なんデス。絶対に見くびってはいけマセン！
家族だって？
巣の中のアリは全部同じ女王アリから生まれたから、1つの家族デス！

どうした？
何かおかしいぞ？
え？
何がデスカ？

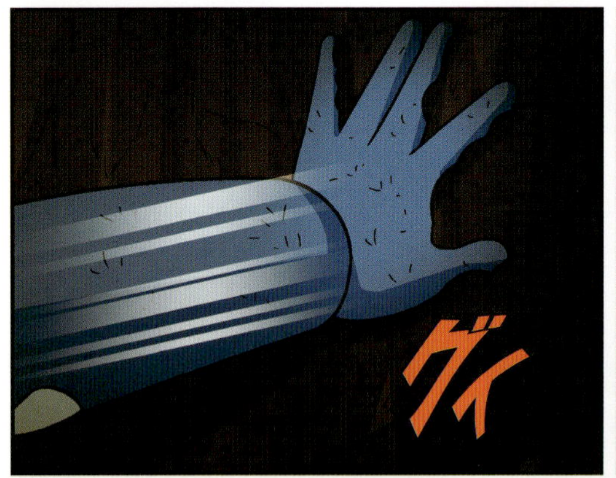
グイ

あれ？
ズボッ

ちょっと
待って……。
別の穴に
出たのか？
ザクザク

ヌッ
ササササッ
デン
ウワッ、
化け物アリが
いるぞ！

アリたちの王国、アリの巣

アリの巣の規模と構造は、アリの種類や群れの大きさによって異なります。そして、それぞれ独特な方法でとても精巧な巣を作ります。木のてっぺんや節の中に巣を作るアリもいますが、ほとんどは地中に穴を掘って巣を作ります。

アリの巣が出来るまで

アリたちは岩や木の下に巣穴を掘ることを好みます。敵の侵入を防ぎやすく、乾燥し過ぎないので、地面の湿気が維持されているからです。時間が経って巣に空気が入り乾燥すると、湿った場所を求めて下の方に穴を掘り続けるので、穴の深さが4ｍになるものもあります。アリたちはまるで建築家のように計画的に巣を設計しています。掘った土を噛んで唾液と混ぜ、小さな塊を作って土壁を作ります。壁を作って残った土は外に運び出しますが、この作業を続けると入り口に塚が出来ます。これをアリ塚と言います。アリ塚は昼に太陽熱を吸収し、夜は熱を地中に伝えるので内部の温度をほぼ一定に保つ仕組みになっています。

アリの巣の特徴

たくさんのアリが暮らしているアリの巣は女王アリの部屋や幼虫の部屋、雄アリの部屋、ゴミ置き場、死骸置き場、エサ置き場などたくさんの部屋に分かれています。他にも植物のクズが腐敗して出るガスを外に出して、酸素が豊富な空気を取り入れる換気施設まで備えたアリの巣もあります。アリの巣のそれぞれの部屋は、水が早く排水されるように床が斜めになっていたり、温度を長く維持できるよう天井が丸くなっていたりします。

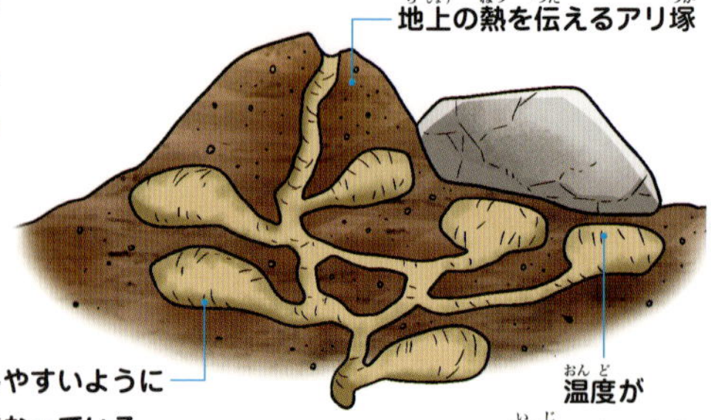

地上の熱を伝えるアリ塚

排水しやすいように斜めになっている。

温度が維持できるよう、丸くなった天井

特別なアリの巣

土に穴を掘って暮らす種類ではないアリは、どんな所で暮らしているのでしょうか？　ツムギアリは木の上にねぐらを作ります。木の葉を数枚重ねて屋根や壁を作るのです。木の葉を固定する糸は幼虫が作ります。働きアリが葉を寄せ集め、別の働きアリが幼虫を葉の近くに連れてきて、幼虫が作った糸で葉をくっ付けるのです。こうして出来た巣は直径50cmを超す場合もあります。また、木の中で暮らすアリもいます。アカシアの木のトゲの中で暮らすアカシアアリは、昼も夜も木の周りを巡回して他の昆虫が近寄らないようにします。こうして木を守る代わりに、木から甘い蜜をもらいます。クロクサアリは木を齧って、その中に10mにもなる穴を掘ります。セクロピアの木の中にすむアステカアリは木の節ごとに部屋を作って高層ビルのような巣を作ります。

©Angel Dibilio
木の葉で家を作るツムギアリ。

©Henrik Lasson
木を齧って巣を作るクロクサアリ。

©Pushish Image
木のトゲの中にすむアカシアアリ。

3章 巨大な女王アリ

ヌッ
あれは……！
デン
女王アリデス！
女王アリって。
さっき言ってた、巣にいる全部のアリを産んだアリ？
あれが女王アリだって？

結構掘ったと思ったのに、まだ巣の中トハ……。しかも女王アリの部屋なんて、巣の奥に来てしまいマシタ！
巣の奥だって？

女王アリはアリのリーダーなんデス。だから巣の１番奥に女王アリの部屋を作って守っているんデス！

そう言うことデス。
コクン
ええ？
じゃあ、苦労して穴を掘って来たのに、
巣からは逃げ切れてなかったってこと？
もう
ヤダ～！

どうするって、
何か考えなきゃ。
サッ

じゃあ、
どうすればいいん
だよ。

女王アリが産んだ卵の
世話をする働きアリデス。
卵が孵化して幼虫に
なるまで世話を
するんデス。
女王アリの
周りにいるのは何者
なんだ？

この働きアリは、
昼間は太陽光を受ける上の方の部屋に卵やサナギを運んで温め、
夜はまた奥の部屋に戻すんデス。
へえ。
だから卵を運んでたのか！
ここは暖かいわよ～。
さあ、上に連れて行ってあげるわ～。

いいこと思い付いたぞ！
何か不安……。
タラー

働きアリの真似をして卵を運んだら、
自然に上の部屋に行けるかも知れないぞ。

卵に夢中だから、バレないと思うんだけどな。
バカ言うなよ。女王アリの所に行くって？
それは危険過ぎマス。見つかったら逃げられマセン！
プイもこう言ってるぞ。

私は死骸置き場に戻る方がいいと思いマス。
おい！ 何を言い出すんだ？

えっ！
グラッ
ドス

どっちも危険じゃないか！
絶対にイヤだ。
ズザッ

ゴロゴロ
ウワーッ
ドスン

ズボッ
ミョンス！

ヨロッ
ウウ～！

うん？

ジャン
ウワーッ！
た、
助けて……。
ズル
ズル

絶対にイヤだって
言ってたのニ……。

スタッ
気を付けろ！
あそこに……。

女王アリが
すぐそこにいるんだ。

ここまで来たんだから、
僕の作戦で行こう。
ダメデスヨ！
クル

サッ

ソロソロ

ニヤッ
ほら！全然気付かれないだろ。

あのバカ！

ドキドキ
でもドキドキするなあ……。

ドキ
ドキ
プル
プル

緊張で震えて
マスヨ！

仕方がありマセン。
私が……！
待てよ！
サッ
ああっ！
グラッ
ドテッ
ドン
ゴロ
ゴロ

ウッ……。
クッ
ズイ
ああっ！
見つかった！
!!
逃げ
マショウ！
ダッ

ガチ
ガチ
ガチ

後ろを見ないで
全速力で走って
クダサイ！
ワッ！
ダダダッ

前から兵隊アリがやって来たぞ！
後ろからは女王アリが来てる！
ズイ
女王アリよりは兵隊アリの方がマシデス！
ウワーッ！

ダダッ

ザザッ
ガチ
ガチ
いや、そうでもないかも……。

ええい！
これでもくらえ！
ビシュッ
!!
やった！
今のうちに逃げよう！
ザザッ
ブーン

ダダダッ

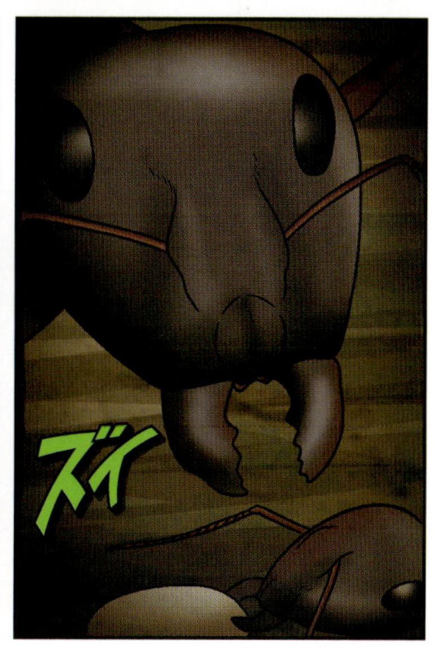

ズイ

ワラ
ゾロ
ワラ
ゾロ

こっち側には逃げ道はないみたいだな。

サッ

そのドリルで掘って出ようよ。

何でもいいから早く出たい～！
何アリでも、もうゴメンだ～。

今がその危険な時だろ？
これを使ったらおしまいデス。本当に危険な時まで使いマセン！

待って！
何？

ちょっと、あれ見てよ。
ミミズだな。エサにしようと持って来たんだろ？

あれピンクだろ？あの首を見ろよ。

ええっ?!
バッ

ピンク!

あれがピンクだって？
シッポが千切れてる
じゃないか！
もう死んでるん
じゃないか？
いいえ！
そんなはず
ありマセン！

ア！
ピク

今動いたぞ。
まだ生きてる！
本当
デスカ?!

ピンク！　私がきっと
助けてあげマス！
ガバッッ

あんなに千切れたら、
もうダメじゃないか？
おい、あそこに降りていくんじゃないだろうな？
グイ
何てこと言うんデスカ。ミミズは体の一部がなくなっても再生可能なんデス。早く助けナイト！

でも、このままにしておくワケにはいきマセン！
で、でも……。
今降りて行ったら、また兵隊アリが……。

助けてクダサイ……。お願いデス！

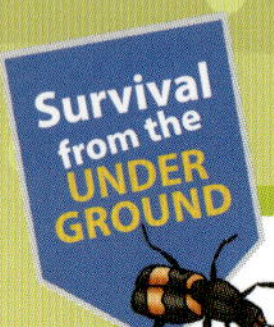

様々な特徴を持ったアリたち

世界には1万2000種を超えるアリがいて、まだ知られていない種類もたくさんいます。世界中のアリの総重量は、全人類の総重量と同じと言われています。その中でも独特な習性を持つことで知られるアリたちを紹介します。

サムライアリ

サムライアリは定期的に他のアリの巣に忍び込み、巣穴にいるアリを殺し幼虫やサナギを奴隷にしてしまいます。サムライアリの女王アリは、まず1匹で他の巣に侵入してそこの女王アリを殺してから、死んだ女王アリのフェロモンを体に付けて成り済まします。すると他のサムライアリがその穴に入って、幼虫やサナギを盗みだし自分たちの巣に持ち帰るのです。そして、その働きアリを奴隷にして働かせ、死ぬとまた他の巣のアリを盗んできます。サムライアリは生活能力がないので奴隷がいなくなると生きていけない習性があります。

ミツツボアリ

砂漠にすむミツツボアリは自身の体を倉庫のようにして、植物の樹液や果汁を集めます。エサを持って帰って来た仲間のアリが体の大きな働きアリの口に樹液や果汁を入れてやると、働きアリはお腹を風船のように膨らませて貯蔵し、アリの巣の1番奥の部屋の天井につかまりじっとしています。そして食料が少なくなる時期になると、体の中に貯めた蜜を吐き出して他のアリに食べさせるのです。

ⓒGreg 5030

ミツツボアリ　仲間のアリに食べさせる蜜をお腹に貯蔵している。

グンタイアリ

穴を掘ったり巣を作って生活するアリとは違って、グンタイアリは遊牧民のように旅を続けて暮らします。昼は軍隊のように隊列を作って行進し、ゴキブリやバッタ、クモ、ニシキヘビなどに出会うと、グループに分かれて襲い掛かり仕留めます。夜は数10万匹の働きアリが体をつないで家を作って真ん中に卵や幼虫、女王アリを置いて守ります。女王アリは数週間おきに一気に産卵し、１年に200万個もの卵を産みます。幼虫が育って群れが大きくなるとまた新しい場所に向けて移動して暮らします。

©Sam DCruz

©Dr.Morley Read

グンタイアリ
巣を作らずに移動しながら生活する。

ハキリアリ

主に中南米大陸の熱帯雨林にすむハキリアリは、毎日自分の体より大きな葉を切って口にくわえ巣まで運びます。その葉の量が大量で、１日に刈り取る葉の量は、牛１頭が１日に食べる量に相当すると言われています。仲間が葉を持って来ると巣で待っていた数100万匹の働きアリが、葉を小さく噛んで培養土を作り、その上にキノコを育て食料にしています。

©Foto5593

ハキリアリ
自分の数100倍もの大きさの葉をみんなで協力して運ぶことができる。

4章 腐った肉を食べる虫

ああもう！
何でこんな目に合うんだよ……。
でもどうする？ここに連れて来てもすぐに見つかってしまうぞ。

ただ連れて来るだけではダメデス。
私が新しい穴を掘る間に、ピンクを連れて来てクダサイ。その後ここを出マス！

穴を掘る？電動ドリルを使うのか？
ワィワィ
それが今なんデスヨ。
命より大事なものはありマセン！
エネルギーが少ないから、本当に危険な時しか使わないんだろ？

まあ、他に方法はなさそうだな。
ウッ

頑張って穴を掘りマス！
手伝ってくれるんデスネ？
オレはやるって言ってないぞ～。

難しく考えることはないよ。
僕が頭を持つから、
シッポの方を持ってくれ！
どうするんだよ？
ズルズル
ズルズル

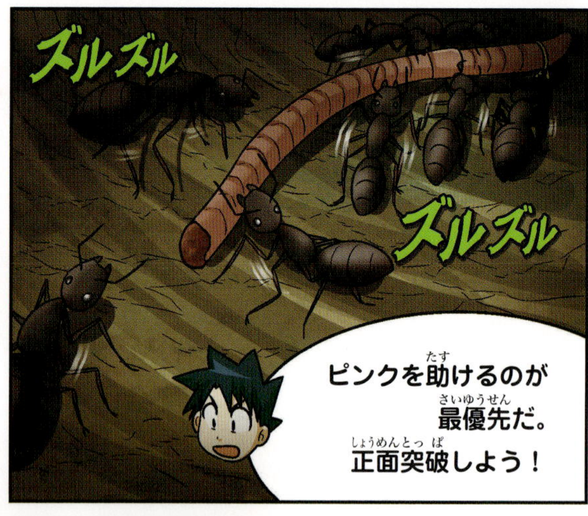
ズルズル
ズルズル
ピンクを助けるのが
最優先だ。
正面突破しよう！

簡単に言うなよ。
ピンクを連れて来たら
アリたちは黙って
ないぞ！
他にいい方法もないだろ。
早くしないとますます
危険になるぞ。

ま、
待てよ〜！
バッ
ついて
来いよ！

他のことは
後から考えよう。
先に行くぞ！

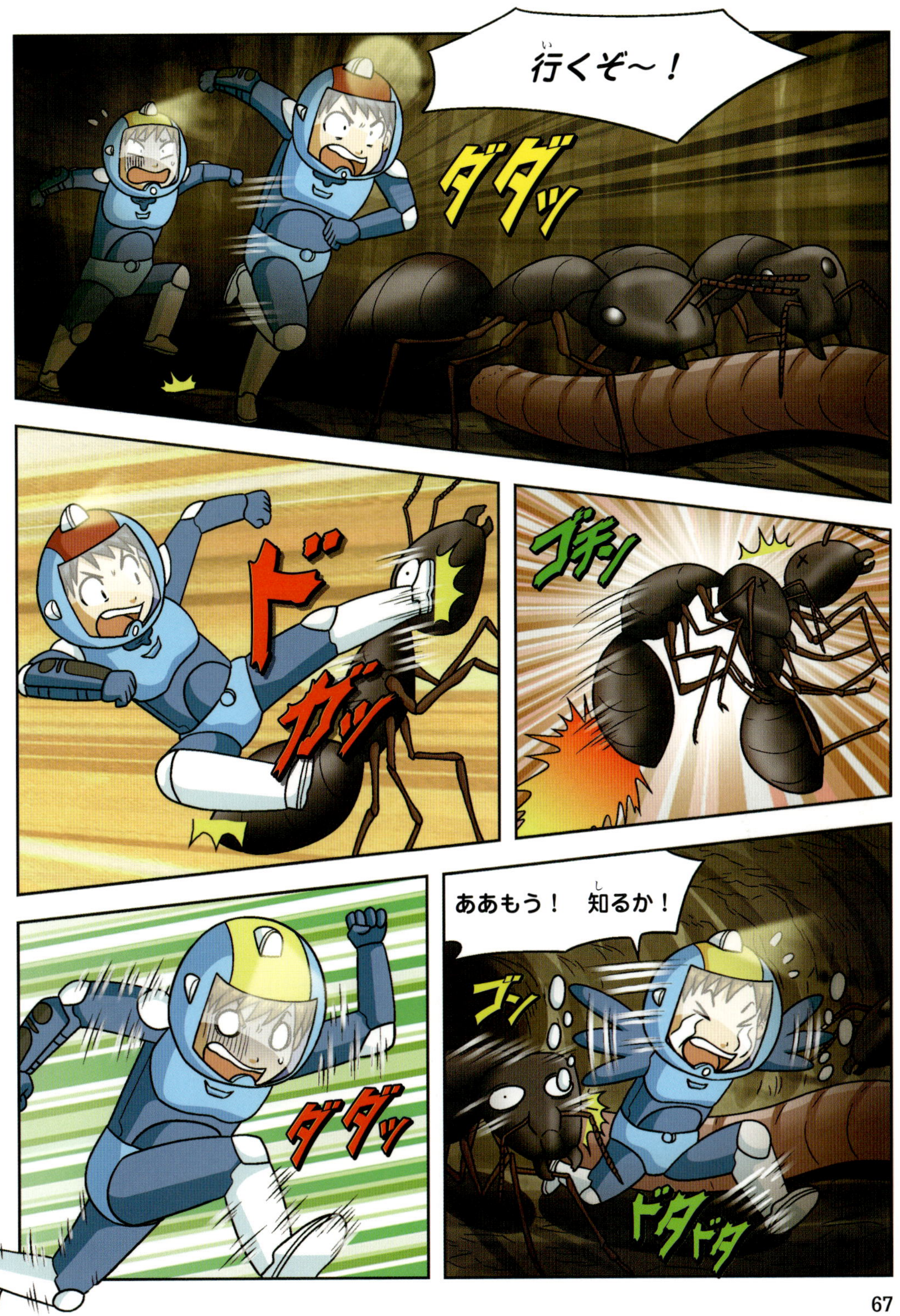
行くぞ～！
ダダッ
ドガッ
ゴチン
ダダッ
ああもう！　知るか！
ゴン
ドタドタ

ミョンス、
いいか？
トガッ

持ったか？
あ、ああ！
クル

走るぞ。急げ！
お、重い〜！
ダダッ
こっちか？
ああ！
早く入って！

急げ！
分かってるよ！

ガガガッ
プイ、連れて来たぞ！

ピンクも？
ここにいるよ。
ガガガッ

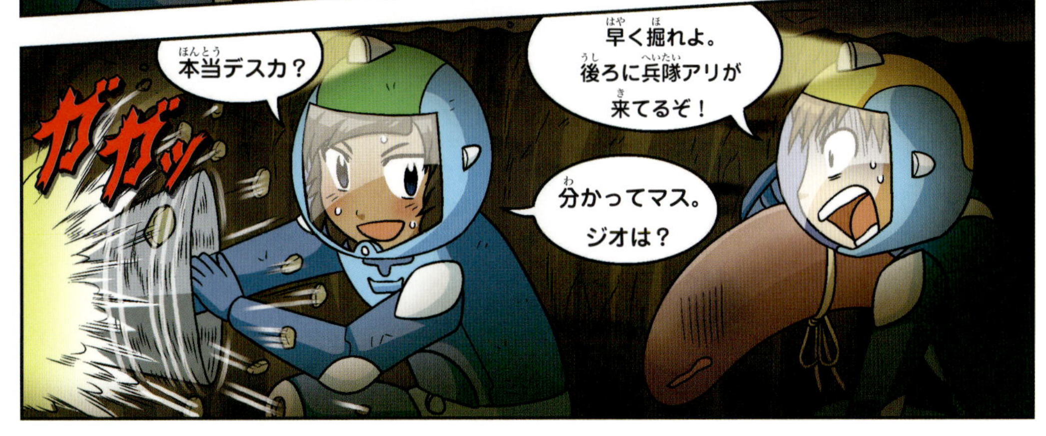

本当デスカ？
ガガッ
早く掘れよ。後ろに兵隊アリが来てるぞ！
分かってマス。ジオは？

ここにいるよ！
ヌッ
ガチ
ガチ
ガチ
ガチ
ウワッ。
グイ

だ、
大丈夫か？
こいつを
何とかしなきゃ。

ズイッ

ピ、ピンク？
ピク ピク…

ピク…ピク

ピンク！気が付いたんデスネ？
ウルッ
ピク

良かったな。ピンクと先に行ってろよ。
ハイ。そうしマス！

ジオ、どうだ？ピンクが気が付いたぞ！
後はお前だけだ。
それが……。

スゴい力で、ビクともしないんだ！
ガシッ
ガチ
ガチ
ガチ
ジオ、危ない、後ろ！
こいつを押し戻そうとしてるんだけど……。
ウワッ！
来るな～！
ズイッ

ドサッ
ドシッ
ああ、行こう！
今だ、走れ！
ダダッ
ジタ
バタ

一体どこまで掘ったんだ？
ああ、結構掘ったな。

何だ？
ピタ

迷ったのかな？
え？ じゃあプイは？
ポン
ポン

ズイッ

ゲッ！
ギク
こっちデスヨ！
スポッ

キョロ
キョロ

ズボッ

あら、分からないんデスカ？
これは何なんだ？

ガッ

これ、サツマイモか？
そう。私が植えたサツマイモデス。

これ、全部
サツマイモなのか？

え、
そうなの？
じゃあ、
もう安全なのか？

穴の入り口を
サツマイモで塞いだから、
なかなか入って
来れないはずデス。
そうデスヨ〜。
ポン
ポン
少しはここに
隠れていられマスヨ！

ドサッ

ゲッ
ウッ！　いや、
気持ちだけで
十分だよ。
ピンクも少し元気に
なりマシタ。安静にしていれば
すぐに良くなりマス。
ピンク！
２人にお礼を
言いマショウ！
ズルズル

ピンクの頭が重くて……。ちょっと休もう。

ああ～、疲れた……。
ドサッ

プ～ン
何か臭うぞ？

酷い臭いだ。ジオ！　オナラしただろ？

オナラ？　何も食べてないのに出るワケないよ。
クンクン
なら、この酷い臭いは何なんだよ？!

ウギャ〜！
モゾ
モゾ

む、
虫が……！
ブクブク

ミョンス！
バタン

ミョンス、しっかりしてクダサイ！
ユサ
ユサ
ウプ。これ、何の臭いだ？

本当にスゴい臭いデスネ。
これは……。

ここから臭うぞ。腐ったサツマイモがこんなに臭いなんて！
これはサツマイモじゃなくて、動物の死骸が腐ったものデス。
え？死骸？
モゾモゾ
これはシデムシの幼虫デス！
プク
プク
よ、幼虫？

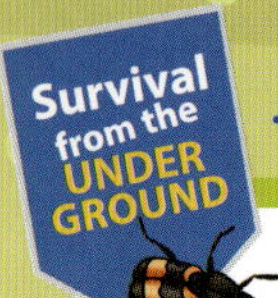

地中の掃除屋、シデムシとフンコロガシ

シデムシ

シデムシは死んだ動物の体を食べ、その中に卵を産みます。そのため「死出虫」「埋葬虫」などとも呼ばれています。シデムシのこのような習性は動物が死んで土に還る過程に役立っています。シデムシは昼間暗い所に隠れていて、日が暮れるとオスとメスが一緒にエサ探しを始め、ネズミや鳥、ヘビ、カエルなどの死骸を見つけると、その下の土を掘ります。死骸の形と大きさ通りに穴を掘るので死骸がだんだん土に埋まると、シデムシは死骸を小さく分けて丸い団子状にします。それが終わると交尾して、メスは団子のあちこちに卵を生みます。

©Henrik Larsson

孵化した幼虫は、数日間は親が食べて半分消化した団子を食べて育ち、少し成長すると自分で団子の中に入り食べ始めます。

シデムシ　触角で死んだ動物の臭いを感じて、死骸を探し出す。

犯人を捜す昆虫

死骸を好むシデムシの生態を犯罪捜査に利用することがあります。人間をはじめ動物は死亡すると、腐敗度によって集まる昆虫の種類が変わります。初めはハエが集まり、その後にアリやシデムシ、ワラジムシなどが集まるので、死体の周りの昆虫の種類を調べると、死亡した時間を推測できると言うのです。このように昆虫を使って犯行を分析することを法医昆虫学と言います。

フンコロガシ

シデムシが死骸を処理する虫なら、フンコロガシは排せつ物であるフンを処理する虫です。フンコロガシは主にウシやウマのフンを食べますが、食欲がすごいので自分の体重より多くのエサを１日中食べています。20世紀の半ば頃、オーストラリアではウシやウマ、ヒツジの数が急増して動物の排せつ物をどう処理するかが問題になっていました。そこで政府はフンコロガシを輸入してこれを解決したそうです。フンコロガシはフンを発見すると口で少しずつ取って前足で団子状にして、逆立ちして中足と後ろ足で転がして巣に持って帰ります。２匹が一緒に運ぶ時は１匹が逆立ちして押して、もう１匹は立って前足で引っ張ります。そうして集めたフンの団子を貯蔵して少しずつ食べるのです。

フンコロガシはフンを食べるだけでなく、その中に卵を産むこともあります。秋になるとメスが洋ナシ型にフンを丸め、先のくびれた所に卵を産みます。この団子は翌年の春に孵化した幼虫が出てきてから食べる食料になります。古代エジプト人は、フンコロガシがフンを転がす姿が、太陽神が太陽を動かす姿に似ていると考えました。そのため、太陽神であるケプリをフンコロガシの姿で描き表したものが残っています。

©Creative Nature R•Zwerver

フンを丸めて運ぶフンコロガシ　ウシやウマのフンを丸めて巣に持ち帰り、中に卵を産む。

©King Tut

太陽神を表した古代エジプトの彫刻　フンコロガシの姿で太陽神を表している。

5章 スゴ腕のハンター、ムカデ

ダメデス！
あ！
パシ

これは
幼虫の大事な
巣なんデスヨ！
この臭いのが
巣だって？

シデムシは動物の死骸を、毛を抜いて肉団子にして土に埋めマス。
孵化した幼虫は、その肉団子を
食べて成長するんデス。
動物の死骸を発見。
死骸を肉団子にして土に埋める。
肉団子の周囲に卵を産む。
孵化した幼虫が肉団子を食べて育つ。

ゴソ
ゴソ
巣でも
何でもいいから、
この臭いは
我慢できない。
空気を遮断する
ボタンはどこだ？

そんなことしたら、
息ができずに
死にマスヨ？
ウ～
この臭いより
マシだよ！

ウグ
ウグ

パッ

プハッ

ウアッ。
急に息をしたら、
余計に臭く感じる！

臭いを嗅ぎ続ける方が
マシデスヨ。
クンクン
そんなことしたら、
臭くて死んじゃうよ。

え～、
信じられないよ。
嗅覚は臭いを
嗅ぎ続けると慣れて、
感じなくなるんデス。

ウウ……。

お、また幼虫が
出てきたぞ。
モゾ
モゾ

クル
何でこんなに
虫ばっかりなんだ？
俺は見ないぞ。

ほらほら、
いい子だから
中に入って。
パタ
パタ
モゾ
モゾ
放っておいたら、
勝手に入りマスヨ。

ピンクは
この臭いが好きなのか？
何ともないぞ。
ピク
当然デス。ミミズには
嗅覚がないんデス。

あら、もう臭いに
慣れたみたいデスネ。
臭いと言わなくなりマシタヨ。
クンクン
お？ 本当だ。
不思議だな～。

でも酷い
臭いだったよ。
何で腐ったもの
なんか食べるんだ？
汚いのに。

汚いナンテ！ シデムシは土にはなくてはならない
昆虫なんデス。死んだ動植物を食べて完全に分解して
自然に還す役割をしてるんデス。だから、
そんなに嫌わないでクダサイ。
オエ
確かに死骸が分解されずに
ずっと残ったら大変だな……。

ミョンスはまだ
気が付かないのか？
ドキ

ギュ

まだ目を覚ましマセンネ。何だか眠くなってきマシタ。

僕もだ。ずっと緊張して疲れたのかな？　ミョンスが気が付くまで休もうよ。
そうしマスカ？

ZZ

2人とも寝ちゃったぞ？起きようと思ったのに。
仕方がないから、10数えてから起きよう。1つ……。

ZZZ

カサッ

サッ
ササッ
2つ、
3つ……。

フラフラ
パタ
パタ

ZZZ

ササザッ

4つ、5つ、
6つ……。
ササッ

ササッ

スイ
クル
もう食べられない……。
ササッ
スースー

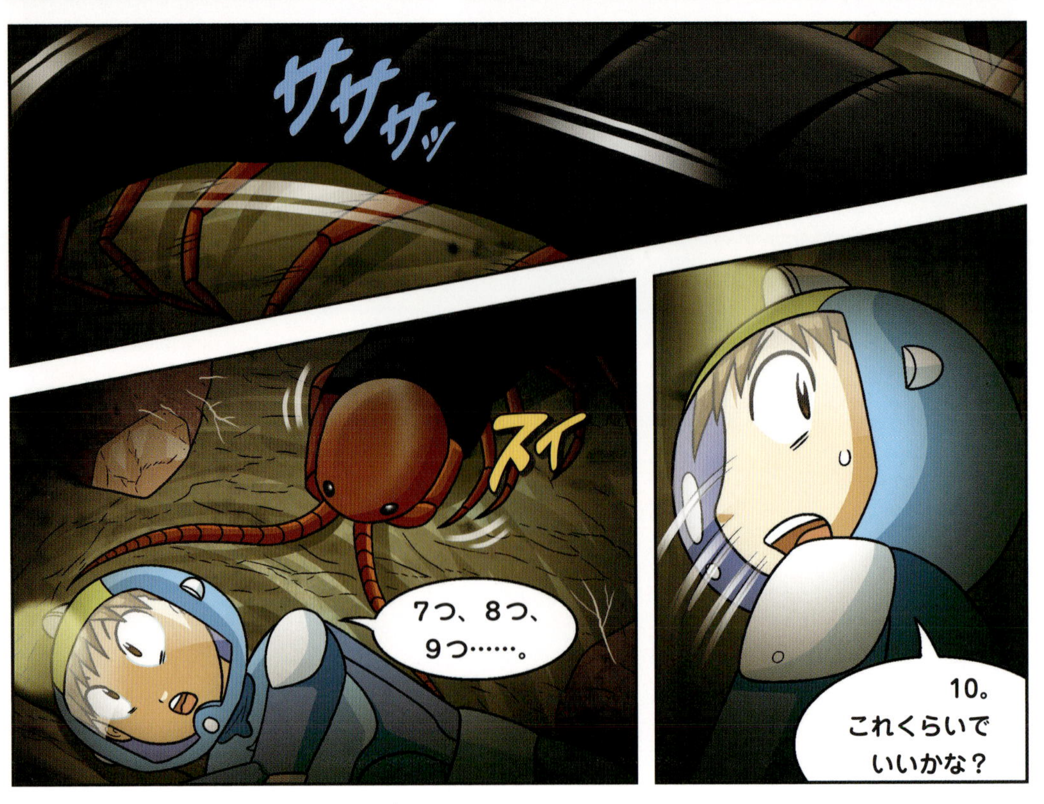
サササッ
スイ
7つ、8つ、9つ……。
10。これくらいでいいかな？

ジャン

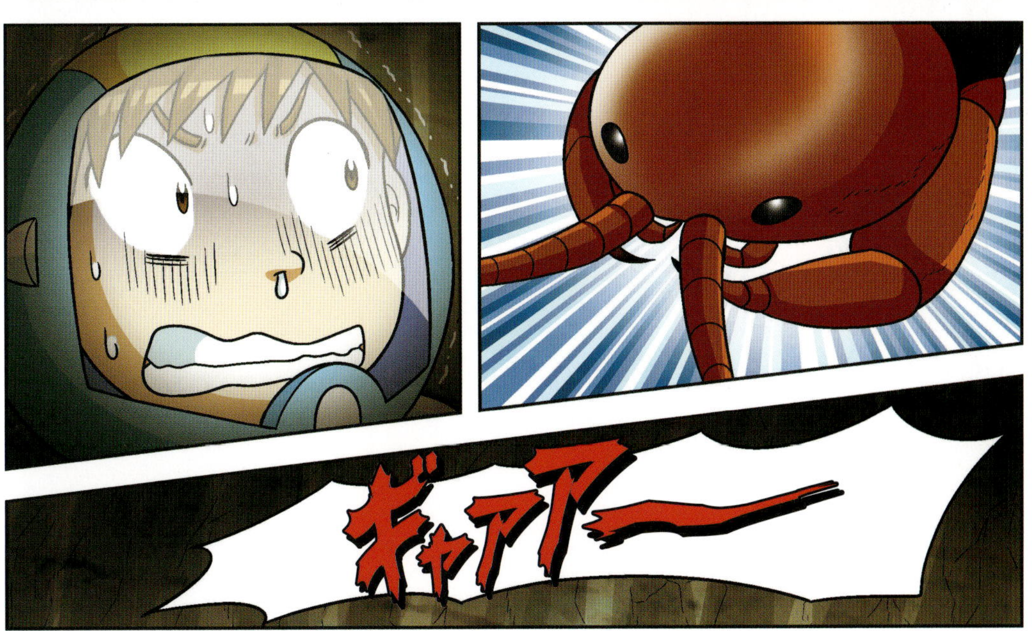
ギャアアー

え？　誰の声？
ガバッ

た、助けて！
ガタガタ

ムカデだ！
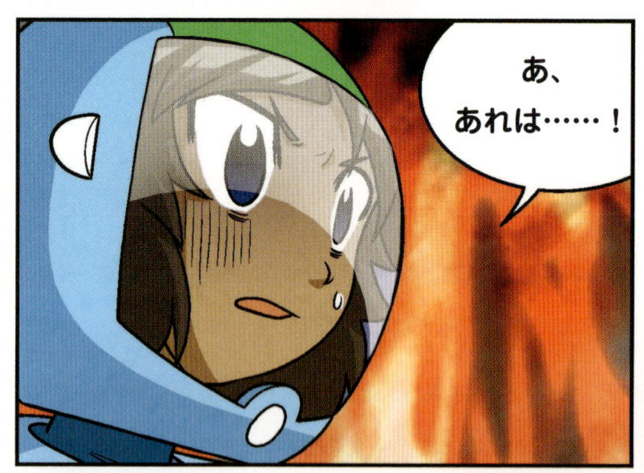
あ、
あれは……！

スイッ
トン

あ、足が動かない！
ブルブル

ミョンス、逃げろ！

ウワーッ！
バババッ
タッ
バババッ
ズザザッ

また来た！
ヒュン
ヒュン
ヒュン
ムカデの触角に気を付けてクダサイ！

ヒョイ
パシ
触角で２人を探していマス。ムカデは目が退化して触角が目の代わりをするんデス！

サササッ
ジリ
ジリ
一体いくつ足があるんだ？あんなに多くて何で絡まらないのか不思議だよ。
おい、あの足を見ろよ。気持ち悪い～！

ピク
ピク

右、左、右、左！
ムカデの歩行は波打っているように見えマス。
ムカデの足は１本ずつ動きがズレているのデス。
このため足も絡まず、狭い所でも長い体で
自由に動くことができるのデス。

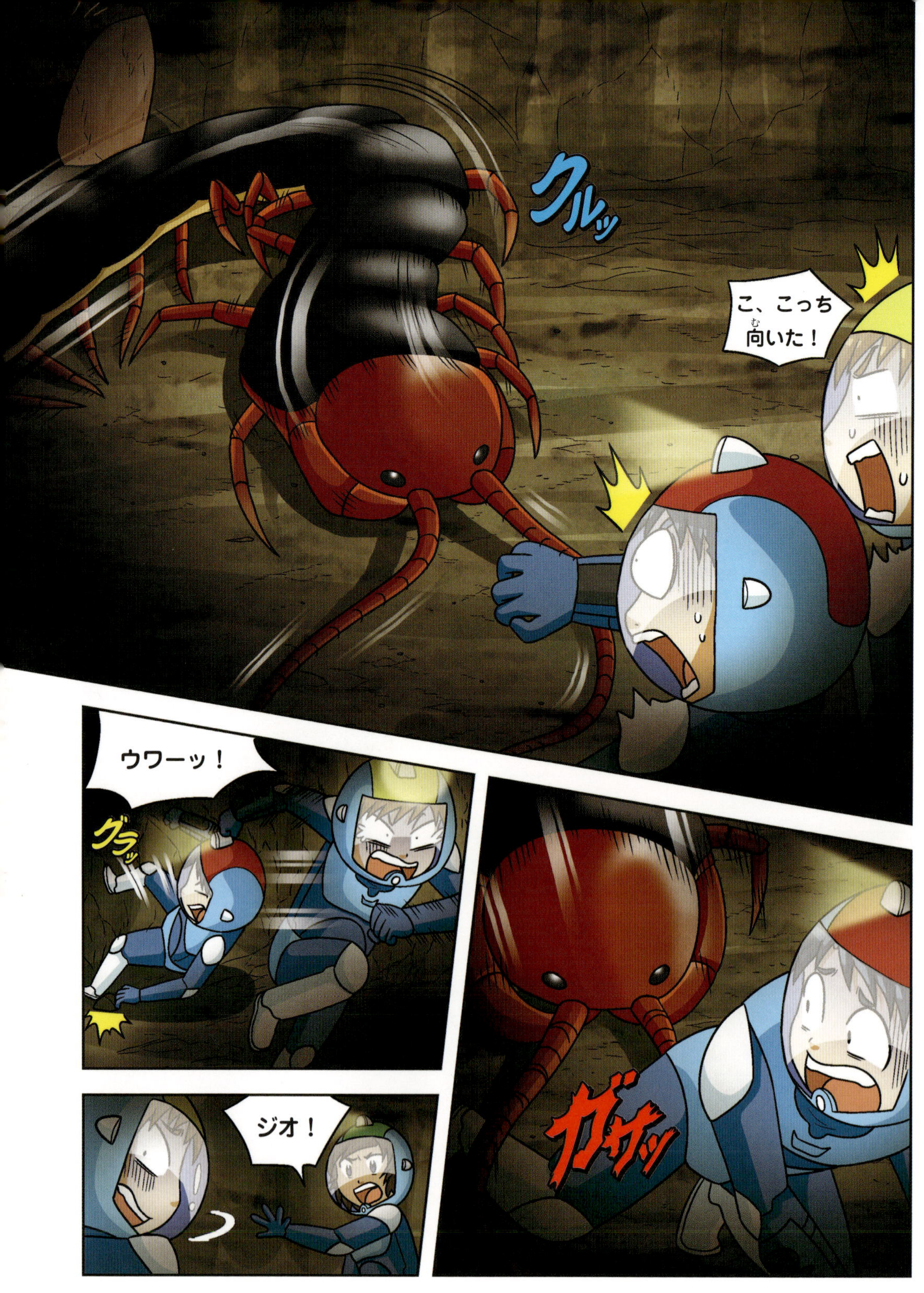
クルッ
こ、こっち向いた！
ウワーッ！
グラッ
ガサッ
ジオ！

!!
ザザッ
ギュッ
どうしよう？
捕(つか)まっちゃったぞ。
ジオがやられる！
ジオ、
気(き)を付(つ)けてクダサイ。
アゴに毒(どく)がありマス！

そうデス。
一瞬で麻痺するほど
強力なんデス！

ど、毒
だって?!
ゲッ

キラッ

パワーボタンを
押すんだ！

ギュ
スイ

そうしたいけど、手を動かせないんだ……。

仕方ありマセン！

ガシ
見てないで手伝ってクダサイ！
う、うん。
ウーン

ウワッ！
バシ
ドゲッ

ガッ
ヴィーン
やった！
カチ

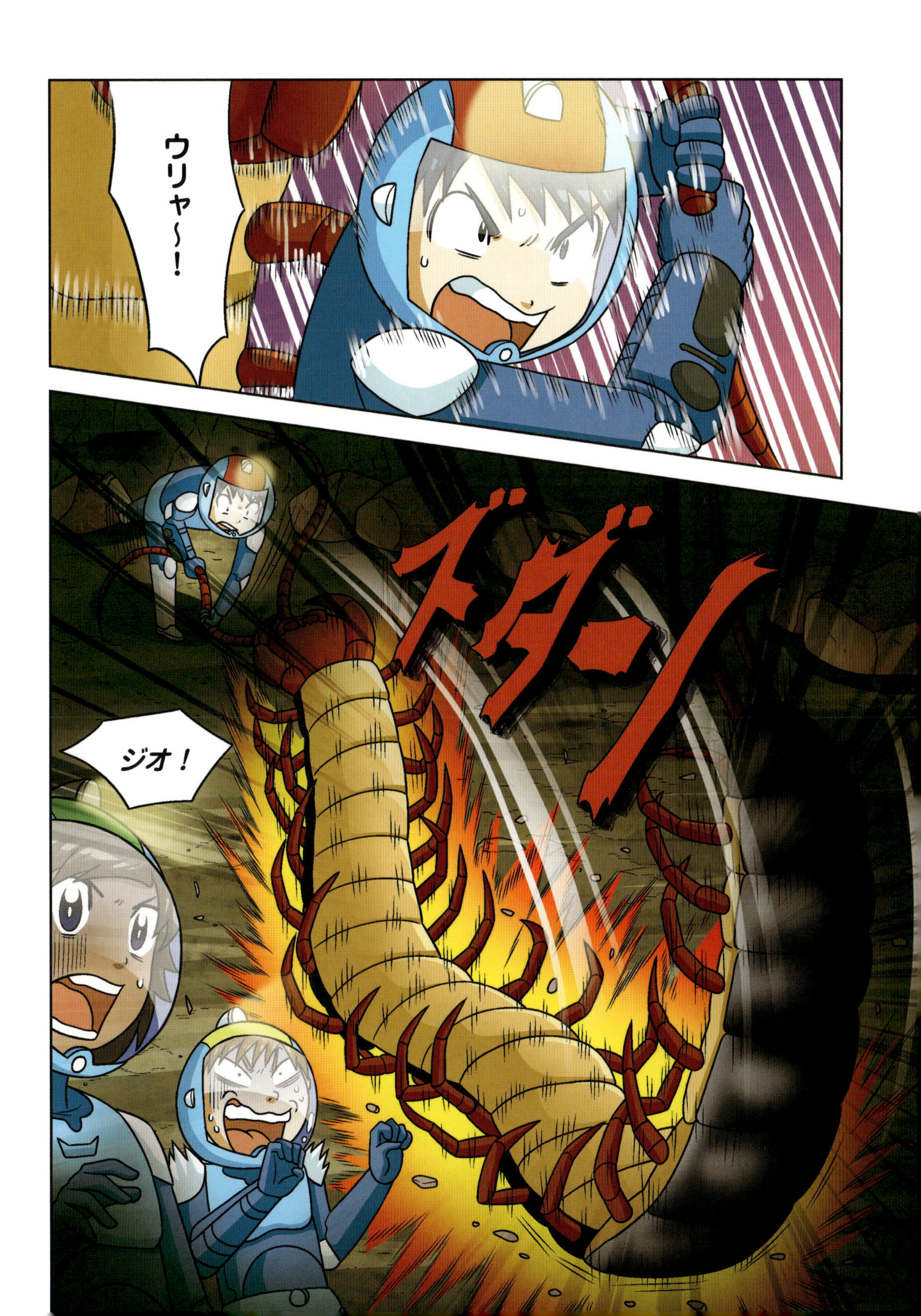
ウリャ～～！
ズダーン
ジオ！

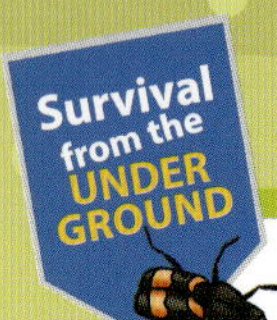

足の数では負けない！　多足類

節足動物の中で足が３対のものが昆虫類、４対のものがクモ類です。これより足が多い節足動物を多足類と言います。多足類の多くは幼い時は３対から７対の足ですが、大きくなるにつれて足と体の節の数が増えます。代表的な多足類にはムカデやヤスデがいます。

ムカデ

ムカデは光を嫌い、昼間も石や木の下など薄暗い所に隠れていて、夜になって暗くなると出てきて獲物になる小さな虫などを探します。ムカデの目は退化してほとんど見えないので、頭の前にある２本の触角が動いて、気温や音、臭いなどを感じるセンサーのような役目をします。天才的な狩人であるムカデはアゴ（顎肢）に毒腺があり

毒で獲物を麻痺させて簡単に獲物を捕らえます。ムカデの毒は小さなトカゲ程度ならすぐに麻痺するくらい強力です。このようなムカデにも弱点があって、ムカデは乾燥に弱く、湿気がないと体が乾いて死んでしまうことがあります。そのため、ムカデはいつも湿った場所を求めて動き回っているのです。

ヤスデ

©forest71
体を丸めている、ヤスデ。

獲物を捕えるムカデとは違って、ヤスデは落ち葉や植物の根などを食べて暮らします。乾いた明るい場所を嫌い、主に野原や森の落ち葉が積もった湿った所に生息します。排せつ物に有機質が多く含まれていることから、土壌を豊かにする生物でもあります。

ヤスデにはムカデのような毒腺はありません。敵に襲われた時には体を丸めて硬い外骨格を外に向けて体を守ります。さらにヤスデは臭い体液を出します。酷い臭いのために天敵はほとんどおらず、鳥でさえ臭いを嫌ってヤスデを食べないと言います。種類によっては節の横の分泌腺から青酸を含む有毒物質を分泌するものもいます。

ヤスデとムカデはどちらも足が多い生き物でよく似ていますが、よく見ると違いを見つけることができます。ムカデは節ごとに足が1対ずつ付いていますが、ヤスデは一節に足が2対付いています。そして歩き方も違います。ヤスデはボート競技のように両側の足を同時に動かして体を前に進めますが、ムカデは体を左右に蛇行させながら揺すって両側の足を交互に出すので、ヤスデよりずっと早く進むことができるのです。

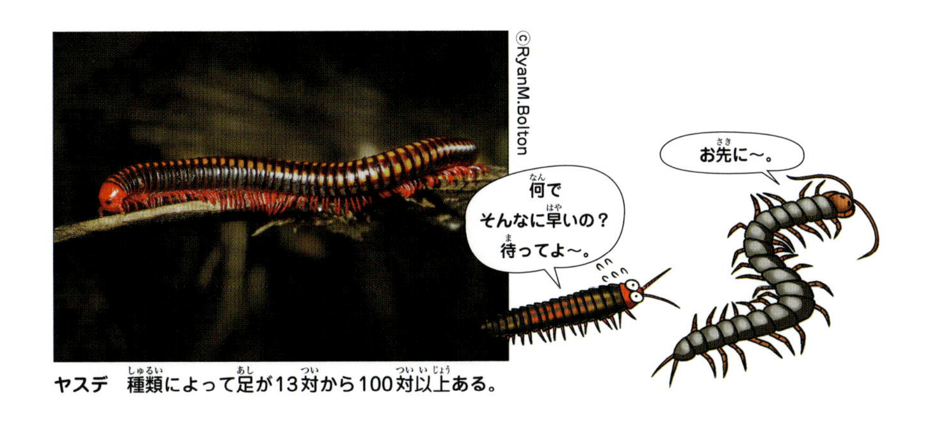

©RyanM.Bolton
ヤスデ　種類によって足が13対から100対以上ある。

6章
オケラの挑発

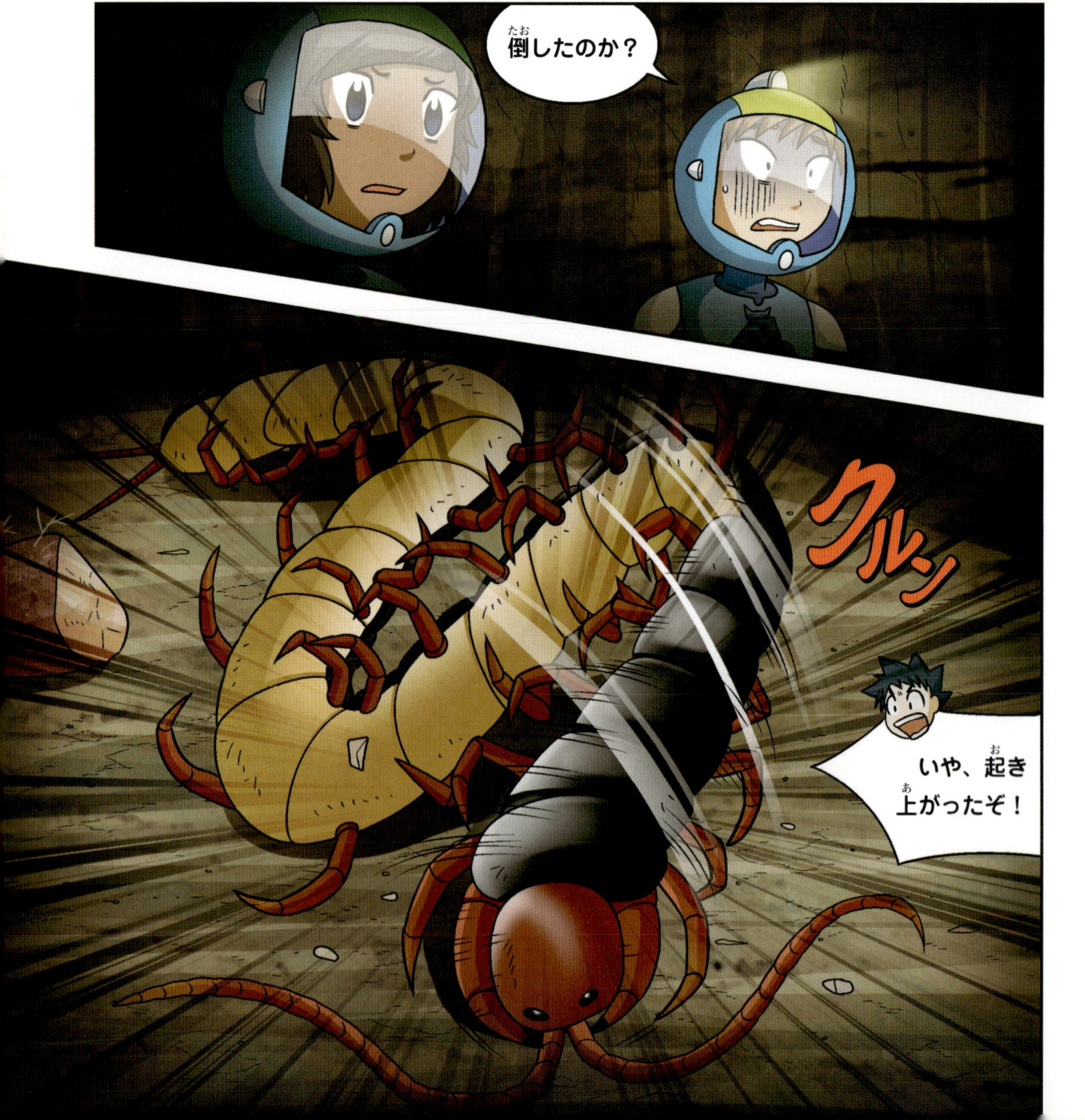

な、何て
しっこいんだ！
ササザッ
キャア！
ドザッ
ええっ？
また何か
出てきた
ぞ！
よ、避けて
クダサイ！

何だ？
まさかモグラか？
ガサッツ
あんなに小さい
モグラなんているか？

サッ

あれはオケラ デス！
ジャン
え？
オケラ？

オケラはいいから、あいつをどうにかしなきゃ！
ピク
ピク

何だ？動かなくなったぞ？

僕に投げられて、怯えてるんだろ。
こんな時によくそんなこと言えるな！

ハッ
え？

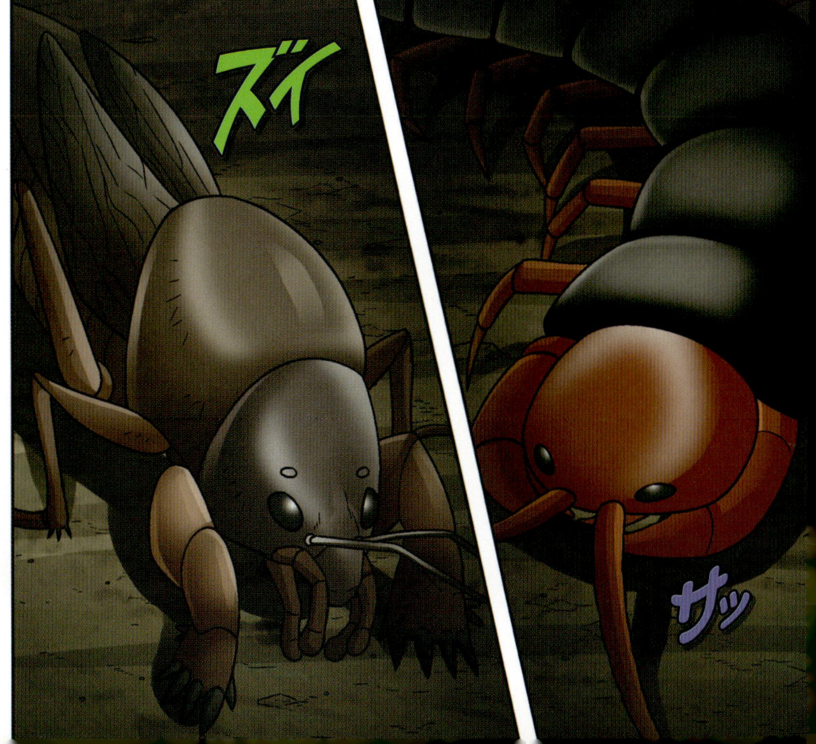
ズイ
サッ

ムカデがオケラを気にしてるぞ。
もう僕らのことは眼中にないみたいだ。
この隙に逃げよう！
え？
オケラを犠牲にして
逃げるのか？

う～ん……。
オケラは雑食性
デスカラ。
私たちを狙うかも
しれマセンネ。

仕方ないだろ？
オケラまで僕らに
向かってくるかも
知れないぞ。

クル

カサ
カサッ
ウワッ！
僕らに向かってきた。
あれ？
違いマス！
ヒョイ

バン
ピ、ピンク！

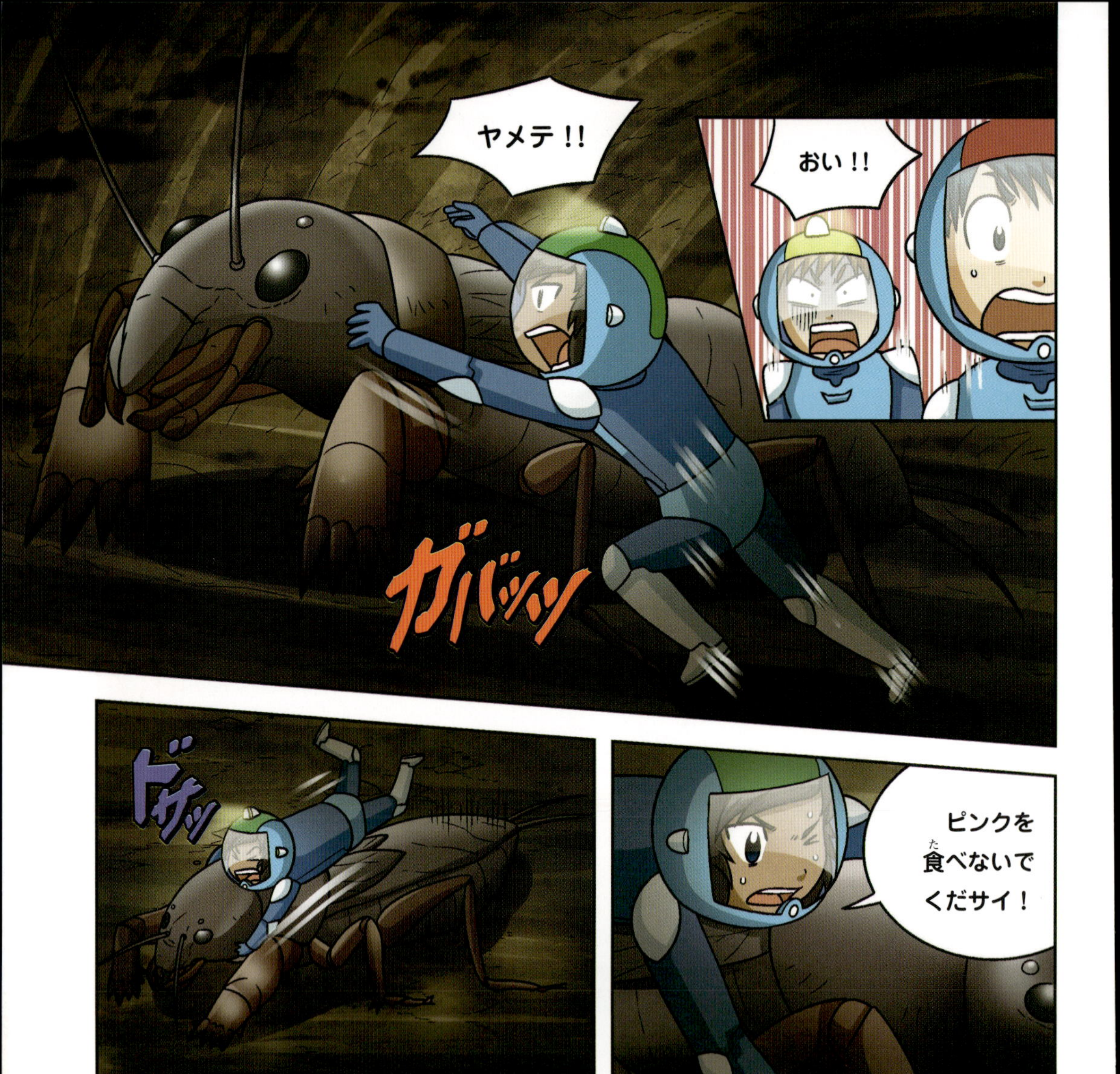
おい!!
ヤメテ!!
ガバッッ
ピンクを食べないでくだサイ!
ドザッ

ムカデが!

ササッ

ムカデがまた
動き始めたぞ！
何？

グイッ
グイッ

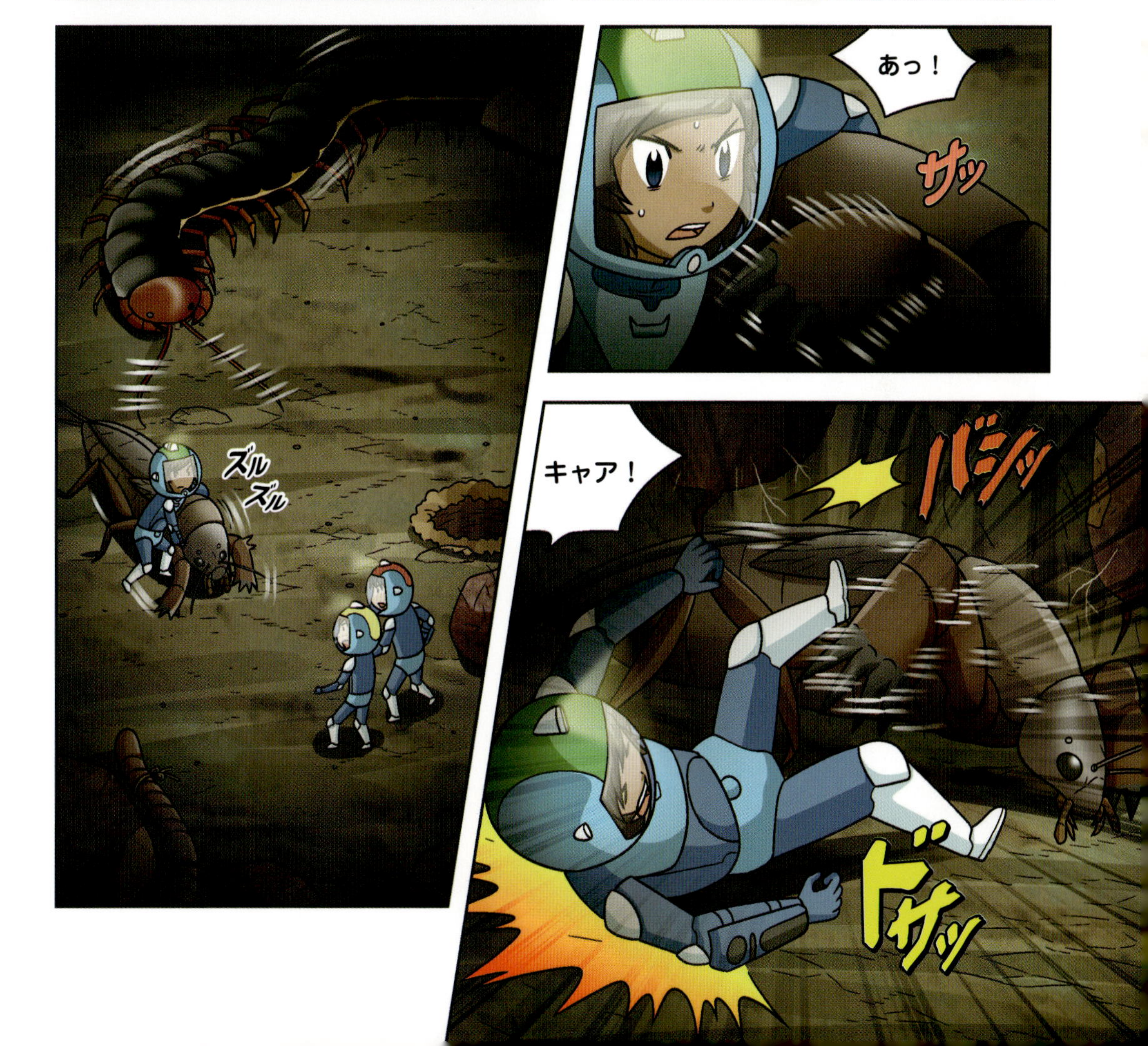
ズル
ズル
あっ！
ザッ
キャア！
バシッ
ドザッ

?!
クル
変デスネ？ムカデと向かい合ってもいいことはないのニ？
何だか……、オケラが俺たちを守ってるみたいだぞ？

カサ
カサッ

あっ！

こっちだ！

ここに隠れよう！
さっきオケラが
出てきた穴だ。
ええっ？

ウワーッ。
わ、分かった！
ガシッ
ガバッ
ズイッ

オケラ、悪いな。
逃げさせてもらうぞ！
ダダッ
サッ

プイ、
早く来い！
エ、エエ。
サッ

ウワッ。
ダ、ダメだ！
ウグッ！

イテ！
ガバッ
穴の中は小さい
虫でいっぱいだ！
ゴン
何デスカ？

ダダッ

これは！
モゾ　モゾ
オケラの幼虫デス！
オケラはモグラなどの天敵から守るために、幼虫が成長するまで世話をするんデス。
そうか！オケラが幼虫を守ろうと、ムカデに立ち向かったのか……。

じゃあ、僕らがムカデを追い払うしかないな。
ムカデに何か弱点はないのか？

じゃあオケラが死んだら、幼虫も危険なのか？
そうデス。

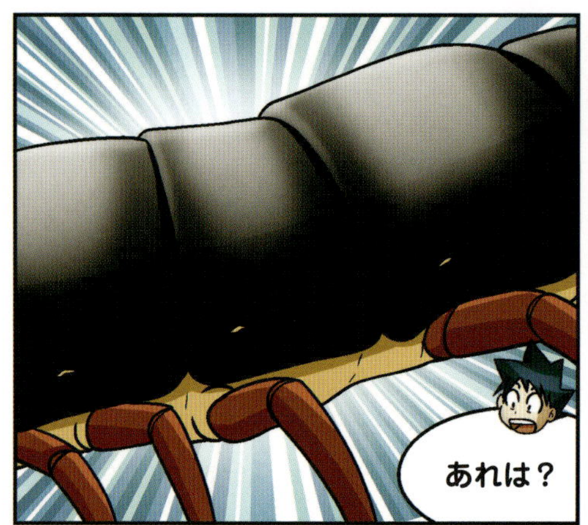
あれは？

プイ！
あの体の横にある穴は何だ？
穴デスカ？

ああ、あれがムカデの
弱点デスヨ。
本当？

あれは体内に空気を取り入れる気門デス。
あれが塞がるとムカデは死にマス。
それくらい大事な場所デス。

よし、じゃあ
あそこを狙うぞ。

じゃあ。
同時に……。
コクン

ダダダッ

行くぞ！

バッ
かかれ！

バシッ
バシッ

ジタ
バタ
ヒク
ヒク
アア、逃げて行きマス。
ササッ
やったぞ。一目散に逃げて行った！
びっくりしただろうな！
サッ

幼虫を守れて良かったデス。
ジ〜ン
うん。
オケラの感動した目を見ろよ。
そんな、お礼なんかいいのに……。

え？　もう
行っちゃうのか？
サッ
何て恩知らずな
オケラなんだ！
さっき俺たちも
逃げようとしただろ？
感動的デスネ～！

穴掘り名人、オケラ

オケラは体長が3cmほどの昆虫です。前足が平たく頑丈で、モグラのように穴掘りが得意です。そして、草原や田畑の地面の下にトンネルを掘って暮らしています。英語の名前は「モグラコオロギ（Mole cricket）」と言いますが、実はモグラはオケラの天敵です。オケラはミミズと共に、モグラが最も好む獲物なのです。また、オケラは独特な行動をすることでも有名です。求愛期間にオスは鳴き声がよく響くように浅い穴を掘って入り、穴の端に頭を当てて尻尾を入り口の方に向けたまま、羽をこすり合わせて「ジー」という大きな声で鳴きます。求愛が成功して交尾するとメスは５月頃から地中に穴を掘って巣を作り、卵を産みます。メスは卵を産んでからしばらくは穴の外で過ごし、卵が孵化すると世話をするために穴に戻ってきます。メスは卵から出てきた幼虫に食べ物を与え、幼虫が大きくなって空間が狭くなると、穴を少しずつ広げて世話をしてやります。幼虫は１匹で生きていけるほど成長すると巣を出て行きます。

©D.Kucharski
オケラの前足

©Edwin Butter
オケラ　前足が平たくスコップのようになっているので、土を掘るのに適している。

©Andrey Feodorov
オケラの幼虫　孵化した幼虫は卵の殻を食べてしまう。その後、脱皮を何回か繰り返して成虫になる。

良い土壌を作ってくれる生物

オケラは地中を自由に掘って動き、作物の根を食べたりするので、農家にとってはやっかいな存在です。しかし土壌全体から考えると、良い土壌を作ってくれるありがたい生物なのです。

良い土壌とは？

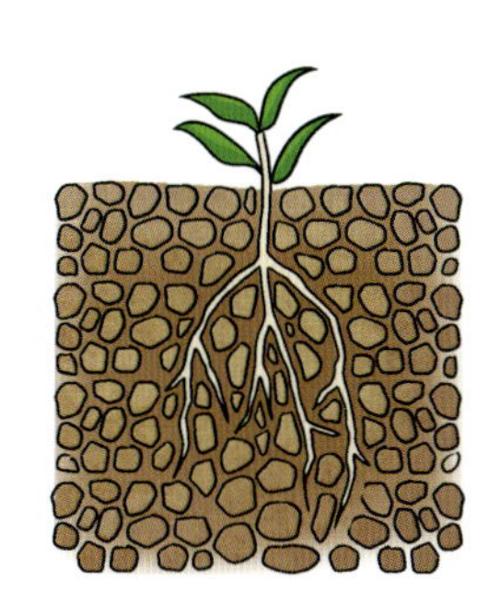

土壌と言うと土だけがたくさんあるように思われますが、実は空気や水がその隙間を埋めています。土の粒子の間に隙間があるほど、空気や水が入り込むことができ、植物の根も伸びやすいのでよく育つのです。そのため、良い土壌は、その構造が、土の粒子の大きさや形がバラバラになっていて、その隙間に空気や水、植物の根、生物などが自由にすり抜けられるようなものになっています。

地中の動物の役割

©Maryna Pleshkun

ミミズ　有機物が豊富な土の上部と無機物が豊富な土の下部をかき混ぜてくれる生物。

土には岩石が風化して壊れて出来た無機質の粒子や、生物が死んで出来た有機物の粒子混じっています。無機物は植物が養分を作るのに必要な物質で、有機物はそこに繁殖する微生物や菌類によって土の粒子を不揃いな形にし、粒子同士の間に隙間を作る役目をします。植物は無機物と有機物がほどよく混ざった土壌でよく育ちますが、有機物が豊富な土壌の上部の土と、無機物が豊富な土壌の下部の土を混ぜるには、他からの力を必要とします。その役割をするのが、土の中を掘って動き回るオケラやミミズ、モグラなどです。これらの生物は地中に空間を作り、硬くなっている土をほぐして上部の有機物と下部の無機物をかき混ぜて、良い土壌を作るのに重要な役目を果たしています。

7章 予想外の脱出

ミスインド

ザク
ザク
ザク
ザク
ガリ
ガリ
ガリ
まだなのか？ もう5時間以上掘ってるぞ……。
ああ。もう腕が痛くて掘れないよ。
プル
プル

あいつが掘ってくれたら苦労しないで済むのに。
ザク
一体どこに行っちゃったんだ？

こんな時、ピンクがいれば……。
そうだよ！
ザクザク

腕は痛いけど、さっきよりずっといいや。
あんな虫たちが目の前にいないだけで、幸せだよ。
ザク

もう電動ドリルは使えないのか？
プルプル
エエ。通常のエネルギーも危ないデス。

そう言えば……、もう何時間も何も出てこないぞ。
さっきは虫も動物もいっぱいだったのに。
ウン？

分かったぞ。地中でも僕のウワサが広まったんじゃないか？
スゴイ奴がやって来たっていうウワサが！

ハア。疲れて何も言えないよ。
ザク
ザク

あれ？何だこれ？

ザクッ
バッ
バッ

なあんだ。驚かすなよ。
プイ、どれだけサツマイモを植えたんだ？
ポン
ポン
え？1カ所しか植えてマセンヨ。

……。
マサカ？

ザクッ

コレは！
これは私のサツマイモではありマセン。

じゃあ、誰のだ？
自分のじゃないって分かるのか？

自分で作った作物を間違えるはずありマセン。
見てクダサイ。これは紫芋デス！

中が紫色のサツマイモデス。この村で紫芋を植えているのは……。
隣のおじいさんだけデス！

＊益虫　人間の生活に役立つ虫。

化学肥料の代わりに発酵堆肥を使い、畑でミミズを飼うんデス。ミミズのフンは土に養分を与え、空気を通しマスカラ。それに天然の材料の防虫剤を使っていマス。
やめられマスヨ。私の作物は少し虫に食べられますが、化学肥料や農薬を全く使わない有機農法で育てていマス。
動物のフンで作った発酵堆肥
シュッ。
逃げろ！
水田の雑草を食べるカルガモ
ニンニクなどの天然の材料で作った防虫剤
そうすれば生態系を壊さずに、人体に安全で健康な農作物が出来るんデス。

でも隣の畑の方がいいかも知れないぞ？
え？どうして？

タラ
それより、今は隣の畑に来たことが問題だろ？

危険な生物がいないんだったら、邪魔されずに地上まで行けるだろ？
な、そうだろ？
そうか、そうだな。気が付かなかった！

じゃあ、あとひと踏ん張りだな。
行くぞ～！

グラグラ
ワ……！
ウワ、今度は何だ？
何が起きたんデスカ？
バサッ

ブンッ
ザクッ
ウワッ！
キャア！
ジオ！
ガシッ
ゴロゴロ
ガバッ

ヒャア！
ドサッ

大丈夫か？
ああ、びっくりした。どうなってるんだ？

高い肥料を使って良かった。
丸々とよく育ったな。

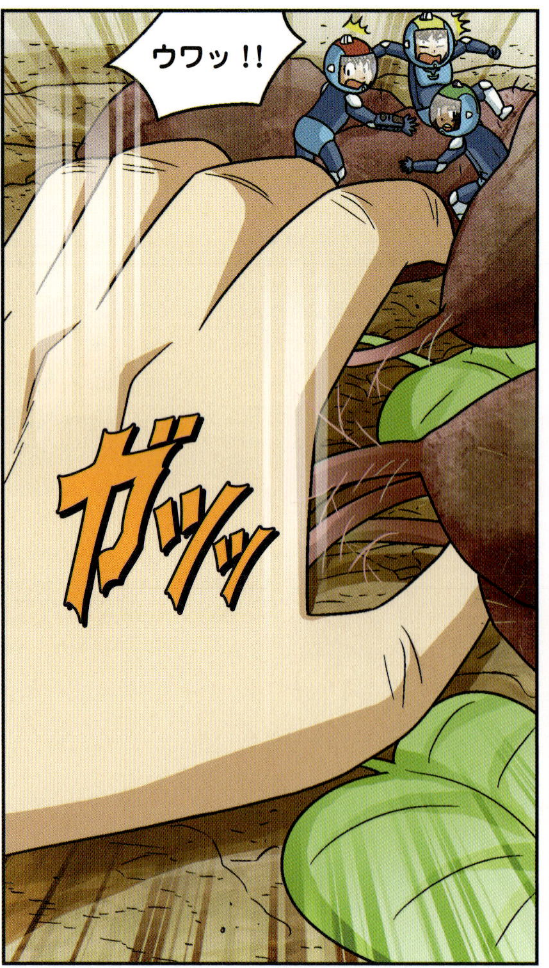
ウワッ!!
ガシッ

おじいさんだけが暮らしてるんじゃないんデスヨ！
環境を考えてクダサイ。

静か(しず)に。見(み)つかるだろ！
言(い)わせてクダサイ。
これ見(み)て！

9%
エネルギーが充電(じゅうでん)できてる。もう９％に回復(かいふく)したぞ！

スイ

イタタ……。ああ膝(ひざ)が！
年(とし)を取(と)るといかんな。
トン

クル
フゥ〜

やったな！　おじいさんのおかげで思いがけず出てこられたぞ。
もう少ししたら、元の大きさに戻れる！
11%

ドッドッドッ
あれは！

ウワーッ！
ザクッ
ドドドッ
ま、巻き込まれる～！
このスピードじゃ、すぐに追いつかれちゃうよ！

ウワァ〜、
助けて〜！
ドドドッ
ダダッ
え？
パシッ

ミョンス！

ドッドッドッ
何だよ～？
やっと地中から
出られたら、
今度は空かよ?!
何だこりゃ～！

土壌を健全にする有機農法

弱くなる植物、汚染される土壌

植物が育つためには土の養分が必要です。しかし、同じ畑で長い間続けて農業を行ううちに土の中の養分が不足して、作物が上手く育たなくなります。そのため生産量を増やそうとして化学肥料を使うのです。化学肥料を使うと養分が早く供給されるので短期的には生産量が増えますが、あまりに多くの量を使うと、植物に吸収されずに残った化学肥料のせいで土の微生物が生きられなくなるので、結局作物が上手く育たなくなってしまいます。

また、害虫を殺したり、病気を防いだりするために、農薬を使うことがあります。しかし農薬も、長期間使うと作物が弱くなったり、害虫を捕まえてくれるクモやカマキリなどの益虫まで一緒に殺してしまったりします。さらに農薬が残った農作物は、人体に有害な場合もあります。

様々な有機農法

化学肥料や農薬を使わないで農作物を作ることを有機農法と言います。生ゴミや糞尿で堆肥を作って使用したり、農薬を使わずに天然の材料で害虫が近寄らないようにする方法などがあります。例えば、ニンニクをすりおろして、水を加えて布でこしたものを使うと、特有の臭いで害虫を寄せ付けないようにすることができます。また、カルガモやタニシのような雑草を食べる動物を畑に放ち、自然な方法で除草する方法もあります。このような方法で農業を行うと、時間や労力はよりかかりますが、環境を保護して土壌自体も健全に育てられるという利点があります。

©聯合ニュース

カルガモを使った有機農法　田植えをした後、しばらくしてから水田にカルガモを放すと稲を食べずに雑草だけを食べてくれる。

生ゴミでエコ堆肥作り

私たちが毎日の生活で出している生ゴミから堆肥を作ることができます。作った堆肥は立派な肥料として植物を健康に育てるのに役立ちます。

❶ 食べ残しなどの生ゴミを集めます。この時、ビニール袋や爪楊枝、魚の骨などが混ざらないようにしましょう。

❷ 水分を取った生ゴミを容器に入れて、落ち葉や糠、おが屑、土などの乾いた素材を混ぜます。発酵促進剤も少し入れます。

❸ 虫が集まって来ないように、木材などでしっかりフタをしておきます。

❹ 風がよく通る日陰に容器を置いて、時々中身をかき混ぜます。

❺ 2カ月間よく発酵させると、臭いが少なく黒っぽい堆肥になります。

❻ 完成した堆肥を畑に撒きます。あまり量が多いと作物が上手く育たないので、適量にしましょう。

8章
崖の中のヒナたち

パッ
ウワッ！
ドサッ

ウウ……。

ここはどこだ～？

ヒナがいるから、
ここは巣らしいぞ。
何だよ。
土の中に巣を作る
鳥がいるのか？

いますトモ！
目の前にいる
カワセミがそうデス。
カワセミは主に魚を食べますから、
水の近くの崖に穴を掘って
巣を作るんデス。

じゃあ、僕らを食べる
つもりなのか？
時には昆虫も食べマス。
私たちを昆虫と
間違えたんでデスヨ。

魚が主食なのか？
じゃあ何で
畑にいた
僕らを連れて
きたんだ？

ハッ
そうデシタ。
エネルギーがどれくらい回復したか、確認してクダサイ！

23%

お、20%を超えたぞ！カワセミに運ばれる間に結構充電できたな。
俺のもだ。

よ〜し！

では、飛び降りて逃げマショウ！
穴の下は川だから、大した衝撃はないはずデス。

じゃあ、
ちょっと体をほぐしてから……。
ジオ！
サッ
クル

危ない！
ビュッ
クル
え？

グイッ
ウワッ！
ブンッ
ドザッ
何てこと
するんだよ？
ウ〜、
目が回る〜。
カワセミはエサを
気絶させてから
食べるんデス！

サッ

だったら
作戦変更だ！

グイッ
ウワッ！
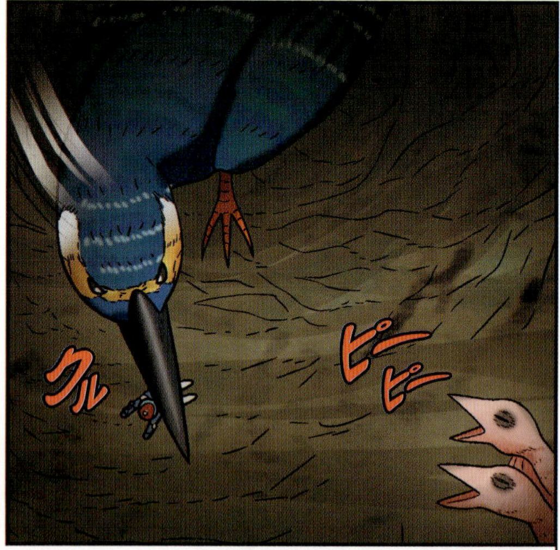
クル
ピー
ピー

！
ブラン

ギャー
ジオ！
やられたのか？
気絶したふりをしたんデス。
早く行きマショウ！

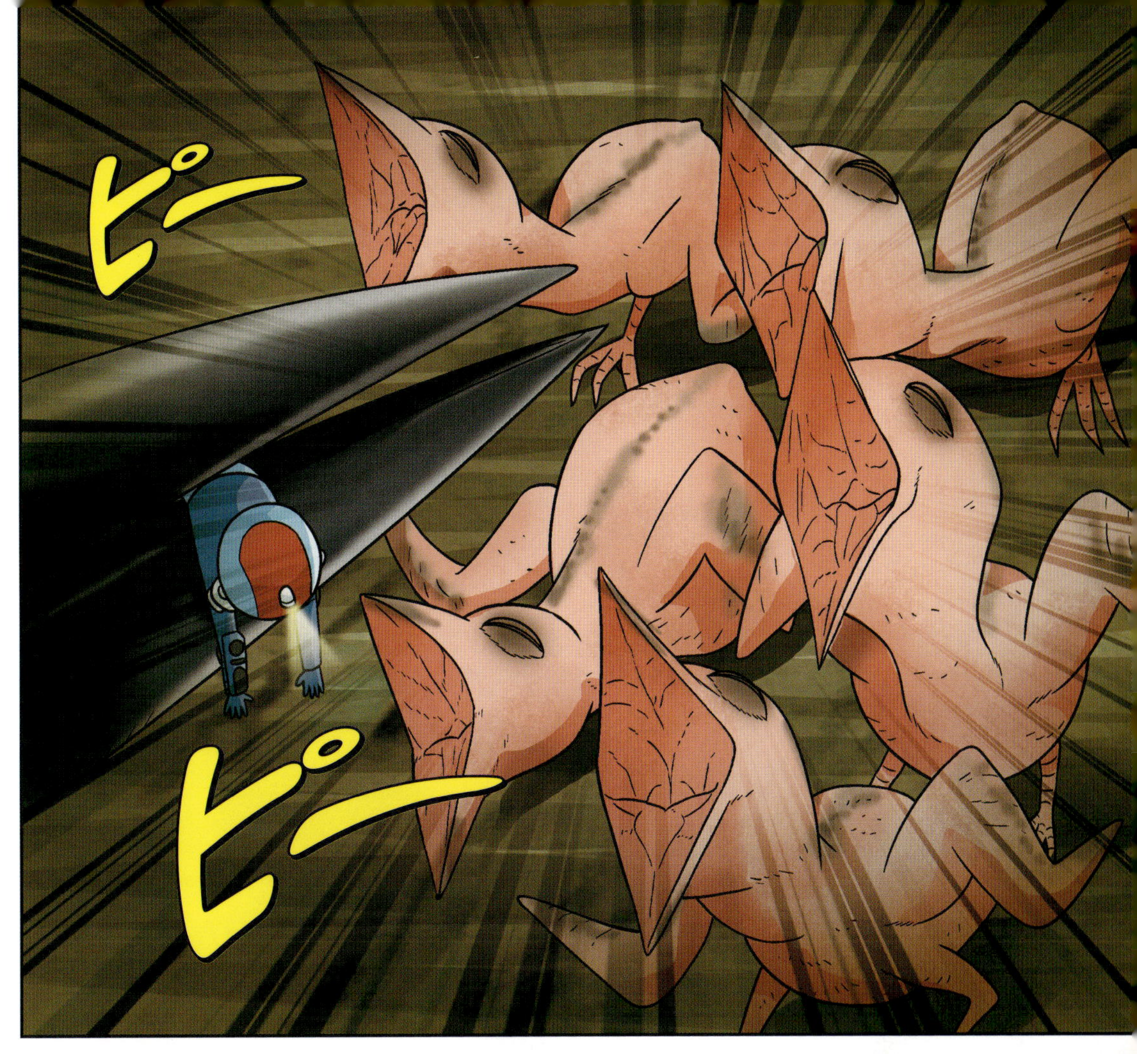
ピー
ピー

ジオをヒナのエサにするつもりだ！

あれがカワセミのヒナか？

ピー
ピー
ピー
はっ！
僕をヒナにやるつもりだな？
ジタ
バタ
は、放せ〜！
ポロ
ドゲッ
グフ！

ジオ！
大丈夫か？
た、多分……。
ダダッ
カワセミが
戻る前に、
逃げマショウ！
アアッ！
ズザッ

仕方ありマセン。早く！
思ったより高いぞ！
バーン
ザーザー

イヤだ～。高所恐怖症なのに～！
時間がないんデスヨ！

分かったよ。一か八かでやってみよう！

ええ。ミョンスは？

ギギッ
見ろ。
カワセミが
やって来たぞ！

ええい、
行くぞ！
バッ
や、
やめろ～！

バッ
ウワアーッ！

え？
ヒュー

ヒュン
あ、
あれは？!
ドゲッ
ウゲッ！

ウウ…
イテテ。まさかこんな時に風が吹くなんて……。

早く出よう。充電しなきゃ！
少し待ちマショウ。まだカワセミが狙ってるかも知れマセン。

え？あそこに何かいる……？
ゲッ!!

魚とりの名人、カワセミ

崖に穴を掘って暮らす、カワセミ

カワセミは青く美しい羽を持つ、体長が17cmほどの鳥です。その美しさは、３世紀頃の中国の文献に金や真珠などと共にローマ帝国の宝物としてカワセミの羽が記録されているほどです。美しい姿以外に独特な巣作りでも有名です。

カワセミのオスはメスの前で魚などをプレゼントする求愛行動を行います。求愛が成功して夫婦になると、水辺の崖などにくちばしで60～90cmの長さの穴を掘って巣を作ります。完成した穴の端に卵を産み、卵からヒナが孵ると１日に数10匹もの魚を捕まえてヒナに食べさせます。

カワセミは素早く魚を捕まえる、漁師としての腕前も見事です。木の枝に止まって水の中を見張り魚を見つけると、羽を閉じて一瞬で水中に飛び込み、くちばしで魚を捕えて飛び上がります。１度に数匹の魚を捕まえることもあり、寒い地方では薄く張った氷も破って水中に飛び込みます。捕えた魚を岩や木の枝にぶつけて殺したり、大きな魚は足場に数回叩きつけ、骨を砕いてから丸呑みにします。カワセミは１日で自分の体重の半分ほどの重さのエサを食べます。魚の他にトカゲやヘビ、カニ、昆虫などを食べることもあります。

魚を捕えるカワセミ
水の中に入った瞬間、目の膜を閉じるので目が効き、水中２ｍまで潜ることができる。

地中にすむハチ、クロスズメバチ

クロスズメバチは地中に巣を作るハチでジバチとも呼ばれています。黒い体に黄色い縞模様が入っていて、オオスズメバチよりは小さく、ミツバチよりは大きいです。女王バチが秋に交尾をして卵を産み、卵から成虫になるまでの約90日間で5回も脱皮を繰り返します。主に木の樹液や腐った果物の果汁を食べますが、カエルやヘビなどの死骸を噛み千切って食べることもあります。クロスズメバチは陽当たりのいい畑の畔や山の斜面に巣を作ります。そのため山登りや畑仕事をしていると、時々誤って巣を壊してハチに刺される事故が起こります。たくさんのクロスズメバチに刺されると命を失うこともあるので、注意しなければなりません。

©Paco Toscano

地面を掘って作るクロスズメバチの仲間の巣　外からは入り口しか見えず中の様子は分からない。

©Paco Toscano

クロスズメバチの仲間の巣の内部　規則的な形の部屋がたくさん集まった構造をしている。

ハチに刺された時はどうすればいいの？

ハチは危害を加えなければ、自ら人を攻撃してくることはありません。もしハチが現れたら、下手に逃げたり手で振り払ったりしてハチを刺激しないようにし、そっとしゃがんだり伏せたりしましょう。ハチに刺されて針が残った時は、手で抜いてはいけません。ピンセットなどがない場合は、プラスチックのカードなどで横に払うようにして針を取り除き、氷で冷やしてから薬を塗って安静にしなければなりません。抜けない場合は無理せず病院へ行きましょう。体質によってはショック状態を起こすこともあるので、その場合はまず寝かせてすぐに救急車を呼ぶようにしましょう。

9章(しょう)

魚(さかな)のエサになるのは嫌(いや)だ！

イイエ！
スズメバチは肉食で死んだカエルやヘビを食べることもありマス。それに毒針があるんデスヨ！
ギョッ
ウ……。

へ、平気だよ。ハチは花の蜜を食べるんだから、俺たちを食べることはないさ。
ええ～！　この穴に巣があるなら、大量のハチが出て来るんじゃないか？

あ、ああ。
すぐに出よう！そっと下がれば気付かれないはずだ……。

ソロ
ソロ

あっ、
こっちを見た！

クル

走れ、
早く！
ダダダッ

ブーン
ブン
ブン
ブン

ダダダッ

バッ

ギャ〜
バサッ

ウワッ！
ビクッ
ビュッ
ガッッッ

さっきのカワセミが突進して来たんだ！
おい！どうしたんだ？
ウウッ！
ドサッ

ええっ？

じゃあ、前後を挟まれたのか？
ブーン
ブーン

ガガガッ

道がなければ作ればいいんデスヨ！
何するんだ？
ガガッ

ブーン
ブーン

ブーン
ブーン
来たっ。早く掘れ、早く！
ブーン
ブーン

ブーン
ブーン
ブーン

先に行くぞ！
いいから早く！

ガガガッ

＊スズメバチはとても危険なハチです。見かけたら絶対に近づかないようにしましょう。

カッン
カッン

カッン
アナバチが攻撃を
やめないんだ、
アナバチも
カワセミも何で
こんなにしつこい
んだ？
カッン

カッン
カッン
何してるんだ？
早く来いよ。
クル

ザバッ
?!

今必死で
掘ってマス！
いつまでこうしてれば
いいんだ？

何だ？
ザバッ
キャア！
ああっ！
今度は
何なんだ?!
ドバッ
川の中
らしいぞ？
川につながる所を
掘ってしまった
ようデス！

あっ！
28%

水の中でも充電出来るぞ。
良かったデス。水面の方に行きマショウ！

待てよ？後ろから視線を感じるぞ？
チラ
ガバッ
ああっ！
キャア！

スーーッ
これは……！
パク
パク
30％だ！
サッ
30%

ウワーッ！
エネルギーは回復したから、ボタンさえ押せばいい！
プイ！大きくなるボタンはどこだ？
ギョッ
ゴン
ゴン
ええい、どれでもいいから押してやれ！

バシッ

パァッッ

ウワーッ!!
ガバッ
ピシャ
ザー
ザー

ボ〜

もう少しで魚のエサになるところだった。
助かった！
本当にスリル満点デシタ。

元に戻ったぞ！
やりマシタ！
パシャ
パシャ
ザー
ザー

ハッ。ピンクがいマセン！
いいじゃないか。僕らを置いて逃げたんだよ。
探せばどこかにいるだろ？
さっきまで静かだったのに、また騒がしいぞ？

畑を探して来マス！
ガラ

あ、ピンク～。ここにいたんデスカ？

もう会えないかと思いマシタ～。

良かったな。でも、本当に酷い1日だったよ。
でも虫嫌いは克服できたようだな。
フゥ

へえ～、そう？
パッ

ウワッ。
は、早く出せよ！
アア！　ピンクが
怪我するじゃない
デスカ！
ゾー
ズボ

え？　ピンクは
こっちだぜ？

虫嫌いを克服したから平気だと
思ったんだよ～。
うるさい奴が増えたのう。
引越しするかな？
プンプン
待てよ！
「地中世界のサバイバル２」終わり。

地中世界のサバイバル2

2015年12月30日　第1刷発行
2016年 8 月30日　第3刷発行

著　者　文 スウィートファクトリー／絵　韓賢東
発行者　須田剛
発行所　朝日新聞出版
〒104-8011
東京都中央区築地5-3-2
編集　生活・文化編集部
電話　03-5541-8833（編集）
03-5540-7793（販売）

印刷所　株式会社リーブルテック
ISBN978-4-02-331451-1
定価はカバーに表示してあります

落丁・乱丁の場合は弊社業務部（03-5540-7800）へ
ご連絡ください。送料弊社負担にてお取り替えいたします。

Translation：HANA Press Inc.
Japanese Edition Producer：Satoshi Ikeda
Special Thanks：Lee Young-Ho / Park Hyun-Mi
Lee Jong-Mi（Mirae N Co.,Ltd.）

この本は広開本製本を採用しています。
株式会社リーブルテック